前言

本书是与高等教育出版社出版的首批“十四五”职业教育国家规划教材《信息技术 基础模块（下册）》（修订版）配套的教学用书。为深入推动习近平新时代中国特色社会主义思想和党的二十大精神进教材进课堂进头脑，贯彻《中华人民共和国职业教育法》《关于深化现代职业教育体系建设改革的意见》等文件精神，落实立德树人根本任务，充分体现中职信息技术课程的育人功能，我们对教材进行了修订完善，现对该配套的教学用书进行修订。

本书从中等职业学校信息技术课程教学的实际出发，关注学生学科核心素养的培养，体现“练中做、做中学”的“练、做、学”相融合的编写理念。通过设计具有针对性和层次性的学习任务，引导学生在完成任务的过程中逐步提升学科核心素养和解决问题的能力。

本书共五个单元，每个单元旨在通过若干实训任务来达成学习目标，每个单元任务又进一步细分为“练一练”“做一做”和“探一探”三个模块，旨在从不同环节培养学生的信息技术学科核心素养。此外，师生还可使用“单元测验”进行阶段性评价，巩固单元所学。

“练一练”是在提炼相关知识的基础上以客观题的形式予以呈现，可用于学生对相关内容预习后的自我测评。

“做一做”是基于情景和问题的相关“任务”或“案例”，该部分以构建“学习支架”为线索，引导学生完成操作步骤、问题讨论等环节的实操，并将相关学习行为予以记录。

“探一探”是课后的拓展性练习，既有探究性任务，也有开放性话题讨论，是对前两个模块的补充和巩固。

本书是新型活页式教材，活页式设计使教材具备灵活性、时效性等特质，教师可以根据教学需求灵活调整教材内容，每一页都可以方便地替换或更新，确保教材内容紧跟技术发展。这种设计不仅方便了教师的教学调整，也为学生提供了与时俱进的学习资源。此外，活页还方便与相关专业课程的整合与衔接，进行跨学科教学。

本书配套案例素材、习题答案等辅助教学资源，请登录高等教育出版社新形态教材网（https://abooks.hep.com.cn）获取相关资源，详细使用方法见本书最后一页“郑重声明”下方的“学习卡账号使用说明”。

本书由苏东伟、陈伟担任主编，俞佳飞负责统稿、审阅。本书内容包括数据处理、程序设计入门、数字媒体技术应用、信息安全基础和人工智能初步五个单元，第 4 单元由李巧波和苏东伟负责编写，第 5 单元由任星羽和陈伟负责编写，第 6 单元由俞园园和陈伟负责编写，第 7 单元和第 8 单元由蔡央央和苏东伟负责编写。周高桦审阅了全书。

本书适合中等职业学校信息技术公共基础课程教学使用，既可以配合主教材使用，也可以作为学生开展上机实训的教程资源。

信息技术发展日新月异，由于编者水平有限，书中难免存在不足之处，敬请广大师生批评指正，以便团队修改完善，联系邮箱：zz_dzyj@pub.hep.cn。

编者

2024 年 8 月

中等职业学校公共基础课程配套教学用书

信息技术

实训教程（下册）

（修订版）

主　编　苏东伟　陈　伟

中国教育出版传媒集团
高等教育出版社·北京

内容提要

本书是与高等教育出版社出版的首批“十四五”职业教育国家规划教材《信息技术 基础模块（下册）》（修订版）配套的教学用书。

本书按照“练、做、探”相融合的编写理念设计单元任务，将每个单元任务以活页形式进行装订，并细分为“练一练”“做一做”和“探一探”三个模块。单元中的每个模块都尝试从“信息意识”“计算思维”“数字化学习与创新”“信息社会责任”四个维度培养学生的信息素养。每个单元学习完成后还设计有“单元测验”模块以满足学生阶段性评价。

本书配套案例素材、习题答案等辅助教学资源，请登录高等教育出版社新形态教材网(https://abooks.hep.com.cn) 获取相关资源，详细使用方法见本书最后一页“郑重声明”下方的“学习卡账号使用说明”。

本书可作为中等职业学校信息技术课程实训指导用书。

图书在版编目（CIP）数据

信息技术实训教程．下册 / 苏东伟，陈伟主编．修订版．-- 北京：高等教育出版社，2025.2．

ISBN 978-7-04-063166-1

Ⅰ. TP3

中国国家版本馆 CIP 数据核字第 2024VX5544 号

信息技术实训教程

XINXI JISHU SHIXUN JIAOCHENG

策划编辑 赵美琪　责任编辑 张乐涛　封面设计 姜　磊　版式设计 马　云

责任绘图 黄云燕　责任校对 马鑫蕊　责任印制 赵义民

出版发行	高等教育出版社	网　　址	http://www.hep.edu.cn
社　　址	北京市西城区德外大街 4 号		http://www.hep.com.cn
邮政编码	100120	网上订购	http://www.hepmall.com.cn
印　　刷	三河市春园印刷有限公司		http://www.hepmall.com
开　　本	787 mm× 1092 mm　1/16		http://www.hepmall.cn
印　　张	10.25	版　　次	2023 年 3 月第 1 版
字　　数	150 千字		2025 年 2 月第 2 版
购书热线	010-58581118	印　　次	2025 年 2 月第 2 次印刷
咨询电话	400-810-0598	定　　价	30.00 元

物 料 号　63166-00

目录

第 4 单元　数据处理

4.1 采集数据

【学习目标】

1. 能列举常用数据处理软件的功能和特点。

2. 会在信息平台或文件中输入数据，会导入和引用外部数据，会利用工具软件收集、生成数据。

3. 会进行数据的类型转换及格式化处理。

任务 1　输入和导入数据

练一练

一、单项选择题

1. 人们通过客观事物及其相互关系的观察和测量而得到的事实是（　　）。

A. 数字　　B. 数据　　C. 信息　　D. 文字

2. 图像、音频、视频等属于（　　）。

A. 结构化数据　　B. 半结构化数据

C. 非结构化数据　　D. 文件系统

3. 以下选项中，不属于数据库软件的是（　　）。

A. MySQL　　B. Access　　C. 云表　　D. GBase

4. 导入文本文件中的数据时，常被用作分隔符号的是（　　）。

A. Tab 键　　B. 分号　　C. 空格　　D. 以上都是

5. 已知单元格 A1 的值为“4”，单元格 B1 的值为“1”，在单元格 C1 中输入公式“=A1+B1”。若想复制单元格 C1 中的值到单元格 D1 中，应使用“选择性粘贴”中的（　　）。

A. 全部　　B. 公式　　C. 数值　　D. 格式

二、填空题

1. 结构化数据通常存储在________或________中。

2. 数据采集的方式一般分为________和________。

3. 不同的软件或平台中，可以通过数据的导入和________、复制和________实现数据的交换。

4. 文本文件是常见的数据交换文件，有________和________两种基本格式。

5. D3 单元格指的是第________行和第________列交叉位置上的单元格。

三、判断题（正确的打“√”，错误的打“×”）

（　　）1. 人工采集主要通过键盘、手写板、麦克风等设备把数据输入到计算机或在线平台中。

（　　）2. 问卷星作为网络问卷平台常用于各类数据的采集。

（　　）3. Excel 是一款常用的电子表格处理软件。

（　　）4. 在电子表格软件中导入外部数据时，只能导入文本文件中的数据，不能导入来自网页的表格数据。

做一做

“碳足迹”是指一个人的生活中能源消耗行为对自然界产生的影响，简单地讲就是指个人或企业的“碳耗量”。其中“碳”，就是石油、煤炭、木材等由碳元素构成的自然资源。碳耗用得越多，二氧化碳也制造得越多，“碳足迹”就越大；反之，“碳足迹”就越小。

每个人的生活方式都会直接影响到地球生存。用水、用纸、用电、交通方式、垃圾处理、饮食……这些点点滴滴都与碳排放相关。从身边的每一件小事做起，转变生活方式，节约能源，倡导低碳生活。

一、输入数据

1. 小信是计算机专业的一名学生，他要调查全校同学的“碳足迹”数据，想到了以下几种方法。请你连一连，将这些采集方法进行归类。

① 设计好问卷，打印，并发放给全校同学进行填写

② 利用网络问卷进行调查　　　　人工采集

③ 随机访谈，记录访谈内容，提取数据　　　　自动化采集

④ 利用 Python 爬虫获取数据

2. 通过分析，小信觉得利用网络问卷进行调查最为合适。请你查一查常用的网络问卷平台有哪些？并填写在下面方框中。

①　　　　②　　　　③　　　　④

3. 任选一种网络问卷平台，尝试制作一份“碳足迹问卷调查表”，并将正确的操作步骤排序填写在下方横线处。

① 输入问卷说明

② 打开问卷调查平台，注册并登录

③ 选择题型，完成题干和选项的填写

④ 单击“完成编辑”按钮，并发布问卷

⑤ 单击“创建问卷”按钮，新建一份调查问卷

⑥ 输入标题，完成创建

正确的操作步骤：________________（将序号填入横线）

4. 请尝试利用你所设计的问卷，采集本班或本组同学的“碳足迹”数据，并将部分结果记录到表 4-1-1 中。

表 4-1-1 “碳足迹”数据

序号	姓名	性别	问题 1 答案	问题 2 答案	问题 3 答案
1					
2					

续表

序号	姓名	性别	问题 1 答案	问题 2 答案	问题 3 答案
3					
4					

5. 图 4–1–1 是小信设计的“碳足迹问卷调查表”收集的部分答卷数据。认识表格结构，将“表头行”“数据行”“数据列”和“数据项”填入相应的文本框中。

图 4–1–1　部分答卷数据

6. 图 4–1–1 中的数据，按结构分类应该属于哪种类型？（请打“√”）

□结构化数据　　□半结构化数据　　□非结构化数据

7. 若要完成对问卷调查结果的数据处理，通常还需要借助专业的软件或平台。请上网搜索，完善表 4–1–2。

表 4–1–2　常用数据处理软件/平台

分类	软件/平台	功能特点
电子表格软件	WPS 表格	
	Excel	
数据库软件	MySQL	
在线数据处理平台		

二、导入数据

1. 在文本文件中输入原始数据时，为保证文本文件中的数据是结构化的，在输入数据时，每一行的数据应使用 Tab 键、________、________、________等特定字符分隔。

2. 尝试将文本文件“碳排放 .txt”中的数据导入到电子表格软件中，并将正确的操作步骤排序填写在下方横线处。

① 单击“数据”→“获取外部数据”→“自文本”

② 保存工作簿

③ 检查导入的数据是否完整，格式是否正确

④ 选择需要导入的数据文件

⑤ 打开电子表格软件，如 WPS 表格或 Excel

⑥ 按照“文本导入向导”中的步骤提示，依次进行设置

正确的操作步骤：______________（将序号填入横线）

3. 分析导入到电子表格软件中的数据，如图 4-1-2 所示。按数据类型的分类完成连线。

	①	②	③	④	⑤
1	类型	项目	每月用量	转换系数	转换系数单位
2	衣	购买新衣服	2	6.4	千克/件
3	食	主食	60	0.188	千克/碗
4	食	肉食	30	0.6	千克/盘
5	住	自来水	15	0.451	千克/吨
6	住	电	60	0.895	千克/度
7	行	公交出行	80	0.032	千克/千米
8	行	私家车/出租车	50	0.24	千克/千米
9	用	一次性筷子	6	0.024	千克/双
10	用	计算机	8	0.062	千克/小时

图 4-1-2　导入电子表格后的数据 1

①
②
③
④
⑤

文本型数据

数值型数据

4. 除了从文本文件中导入数据到电子表格外，你还知道哪些将数据导入电子表格的方法？（请列举 2 个以上）

方法 1：______________________

方法 2：______________________

方法 3：______________________

5. 小信想复制网页中的数据至电子表格软件中，但希望粘贴的结果仅为内容本身（不包含任何格式）。因此，在进行“粘贴”操作时，应选择“选

择性粘贴”→________命令。

① 全部　② 公式　③ 数值　④ 格式　⑤ 批注　⑥ 验证

探一探

1. 小信在电子表格软件中导入来自文本文件的数据后，效果如图 4-1-3 所示，图中你发现了什么问题？出现该问题的原因可能是什么？请与同学交流，并记录在下列横线处。

	A	B	C	D	E
1	类型	项目	每月用量	转换系数	转换系数单位
2	衣	购买新衣服	2	6.4	千克/件
3	食	主食	60	0.188	千克/碗
4	食	肉食	30	0.6	千克/盘
5	住	自来水	15	0.451	千克/吨
6	住	电	60	0.895	千克/度
7	行	公交出行	80	0.032	千克/千米
8	行	私家车/出租车	50	0.24	千克/千米
9	用	一次性筷子	6	0.024	千克/双
10	用	计算机	8	0.062	千克/小时

图 4-1-3　导入电子表格后的数据 2

问题：________________________________

原因：________________________________

2. 尝试导入来自网站的表格数据，并简要写出操作步骤。

步骤 1：打开电子表格软件，如 WPS 表格或 Excel。

步骤 2：________________________________

步骤 3：________________________________

步骤 4：________________________________

步骤 5：________________________________

步骤 6：________________________________

任务 2　格式化数据

练一练

一、单项选择题

1. 设置单元格的数字格式为“货币”，小数位数为“2”，当输入数字“41.2”时，显示为（　　）。

A. 41.2　B. 41.20　C. ¥41.2　D. ¥41.20

2. 突出显示符合一定条件的单元格，可以设置（　　）。

A. 条件格式　　B. 条件筛选

C. 自动套用格式　　D. 单元格格式

3. 在电子表格中，为了避免输入不在指定范围内的数据，可以设置（　　）。

A. 数据保护　　B. 拼写检查　　C. 数据验证　　D. 数据完整性

二、填空题

1. 单元格的呈现结果由单元格中的________、________及字体和边框等设置决定。

2. 通过“开始”选项卡中的________________按钮，可以快速对单元格进行格式设置。

3.“设置单元格格式”对话框包括6个选项卡，分别为________、________、________、________、填充（图案）和保护。

三、判断题（正确的打“√”，错误的打“×”）

（　　）1. 单元格 315 的左上角呈现一个小三角，是因为该单元格中的内容被作为文本处理。

（　　）2. 电子表格软件只能通过内置的样式对表格进行样式设置。

（　　）3. 对于已经完成的工作表（簿），为防止表格内容因误操作等被修改，可以通过“保护工作表（簿）”命令，设置密码，实现工作表（簿）的保护。

做一做

高老师看到小信制作的每月碳排放量记录表后，对小信的环保意识进行了表扬，但同时指出小信的表格在数据可读性和辨识度上仍有很大的改进空间，建议进行格式化处理，进一步完善表格。

请同学们和小信一起，尝试完成表格的格式化处理。

一、温故知新

1. 仔细观察图4-1-4和图4-1-5，两张图中的“转换系数”列数据有何不同？参考示例将图 4–1–4 和图 4–1–5 中其他不同之处圈出来。

类型	项目	每月用量	转换系数	转换系数单位
衣	购买新衣服	2	6.400	千克/件
食	主食	60	0.188	千克/碗
食	肉食	30	0.600	千克/盘
住	自来水	15	0.451	千克/吨
住	电	60	0.895	千克/度
行	公交出行	80	0.032	千克/千米
行	私家车/出租车	50	0.240	千克/千米
用	一次性筷子	6	0.024	千克/双
用	计算机	8	0.062	千克/小时

图 4–1–4　文本文件中碳排放数据

	A	B	C	D	E
1	类型	项目	每月用量	转换系数	转换系数单位
2	衣	购买新衣服	2	6.4	千克/件
3	食	主食	60	0.188	千克/碗
4	食	肉食	30	0.6	千克/盘
5	住	自来水	15	0.451	千克/吨
6	住	电	60	0.895	千克/度
7	行	公交出行	80	0.032	千克/千米
8	行	私家车/出租车	50	0.24	千克/千米
9	用	一次性筷子	6	0.024	千克/双
10	用	计算机	8	0.062	千克/小时

图 4–1–5　电子表格软件中碳排放数据

2. 总结发现，图 4–1–4 和图 4–1–5 的“转换系数”列数据不同之处在于部分数据的小数位数存在差异。

3. 针对以上问题该如何解决？请进行小组讨论，找出解决方案，并完成以下解决步骤的排序。

① 设置小数位数为 3 位

② 选中“转换系数”列

③ 单击“确定”按钮完成设置

④ 在弹出的“单元格格式”对话框中选择“数值”分类

⑤ 右击，在弹出的快捷菜单中选择“设置单元格格式”命令

* 正确的操作步骤：______________（将序号填入横线）

二、自主设计

小信在与高老师交流后得知，通过增加标题行、序号列、设置单元格格式等，可以增强表格的可读性和辨识度。请你与小信一起尝试完成以下操作，期待大家的设计作品。

1. 添加序号列，请补全图 4–1–6 操作步骤。

注：在 A2 单元格输入数字“01”前，应先输入符号________，以保证数字“01”以文本类型出现。

2. 添加标题行。

（1）模仿插入列的方式，完成标题行的添加，并在单元格 A1 中输入文本“小信每月碳排放量记录表”。

（2）完成单元格区域“A1：F1”的合并。请补全图 4–1–7 操作步骤。

3. 标题套用单元格样式，请补全图 4–1–8 操作步骤。

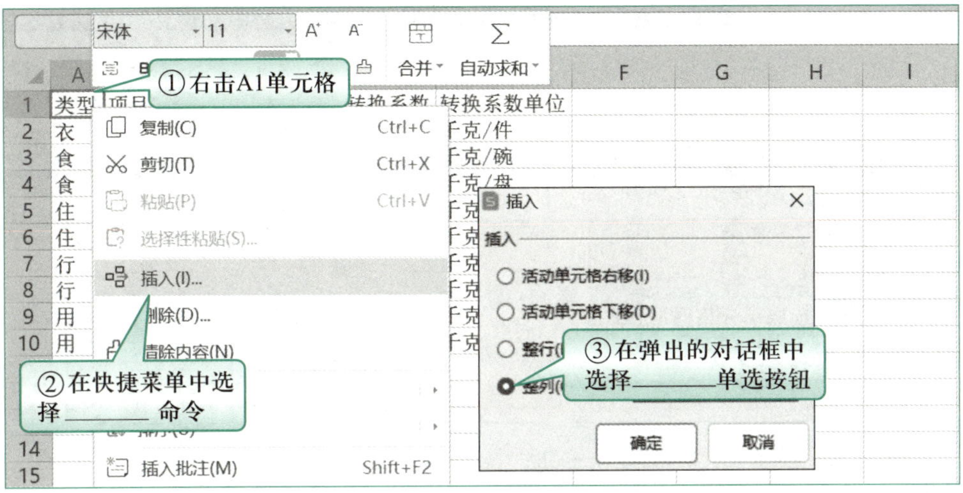

图 4-1-6　添加序号列

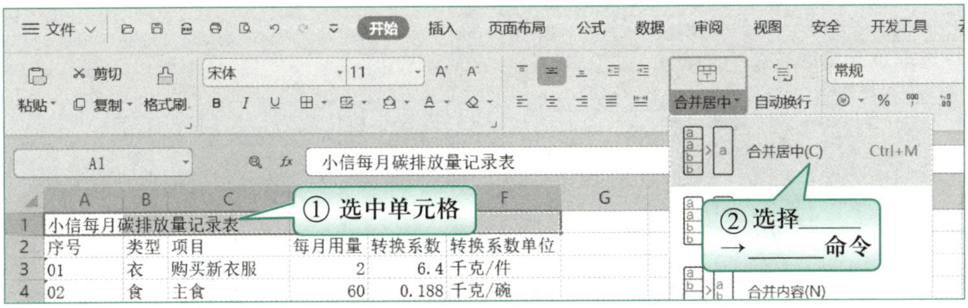

图 4-1-7　合并单元格

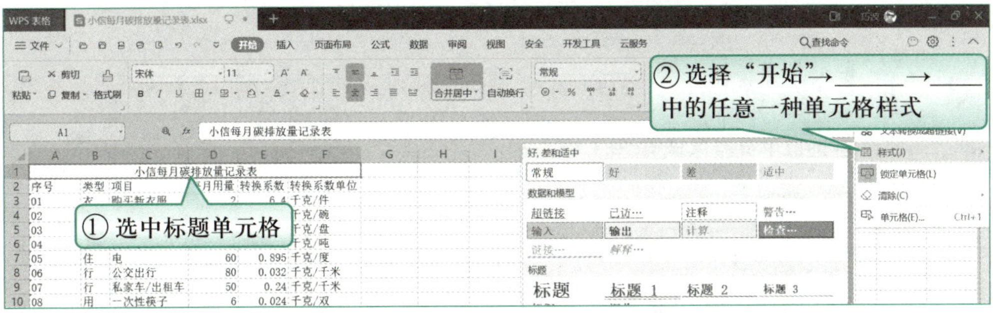

图 4-1-8　套用单元格样式

4. 套用表格样式，请补全图 4-1-9 操作步骤。

5. 确保“转换系数”数值均保留 3 位小数，请补全图 4-1-10 操作步骤。

6. 突出显示每月用量大于 50 的单元格，请补全图 4-1-11 操作步骤。

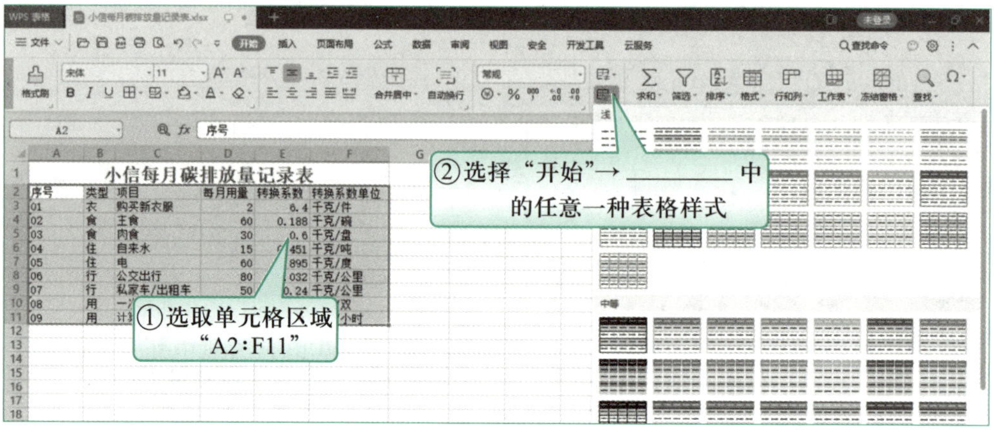

图 4-1-9　套用表格样式

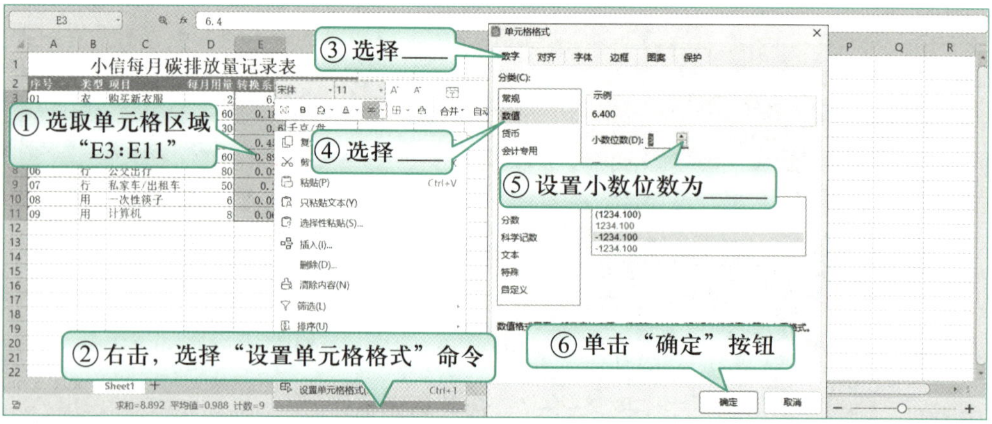

图 4-1-10　单元格格式设置

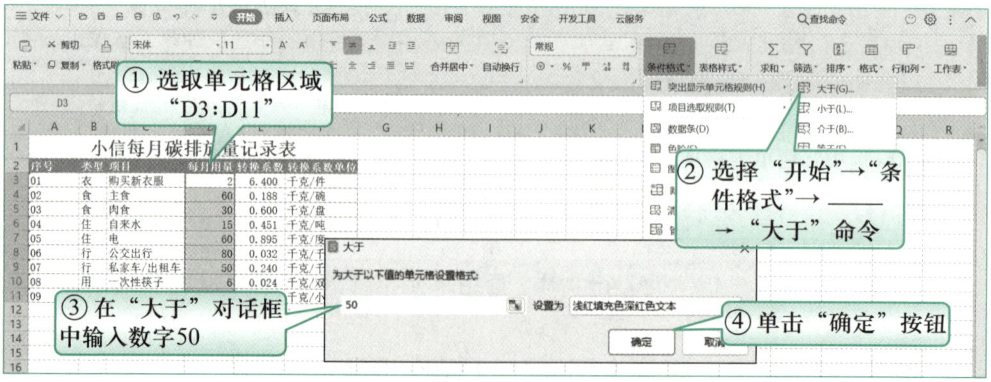

图 4-1-11　条件格式设置

探一探

1. 经过一段时间的使用，小信觉得电子表格软件中的内置样式已经无法满足自己的个性化需求，但又不想每次都重新设置样式。通过向高老师请教，小信了解到可以通过“新建样式”来自定义新的样式。请和小信一起学习如何“新建样式”，期待你的作品。

（1）新建单元格样式，请补全图 4-1-12 操作步骤。

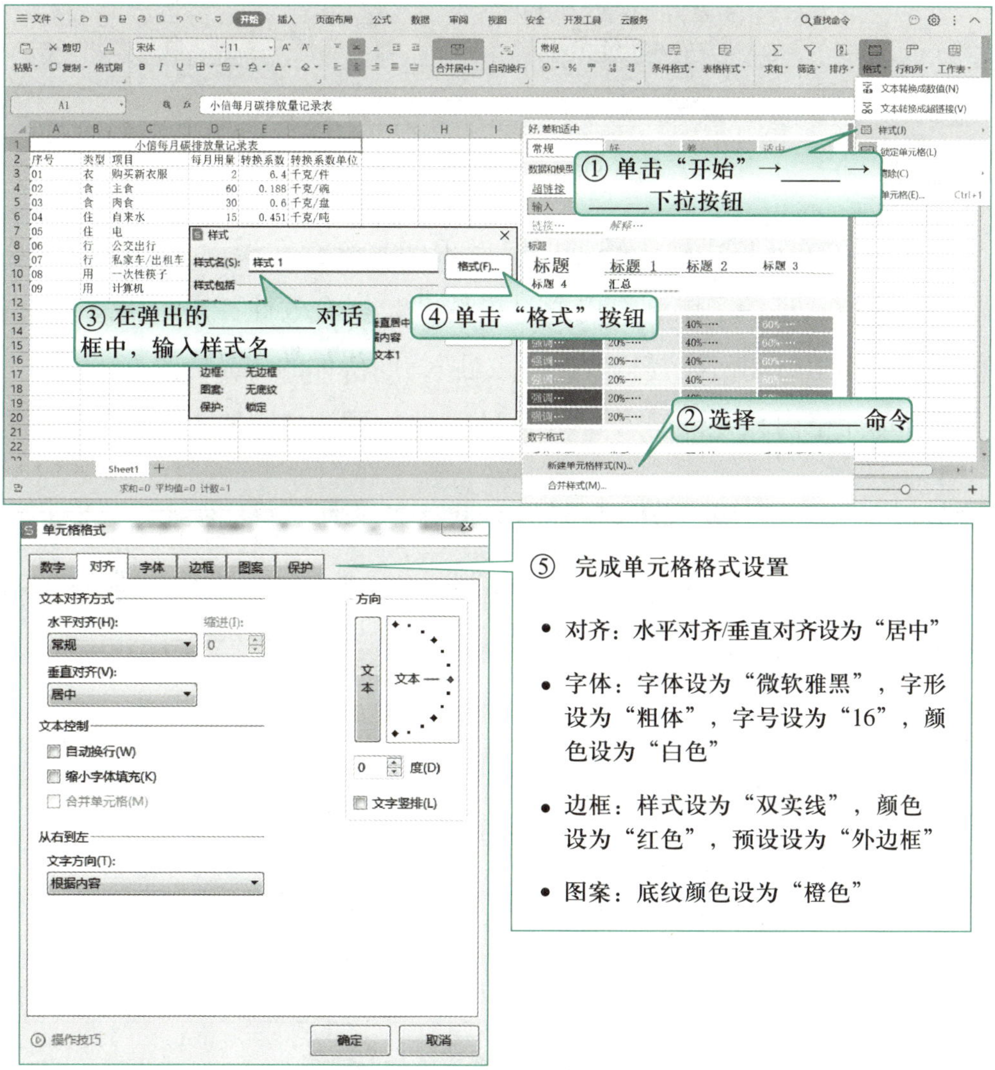

图 4-1-12 新建单元格样式

（2）新建表格样式，请补全图 4-1-13 操作步骤。

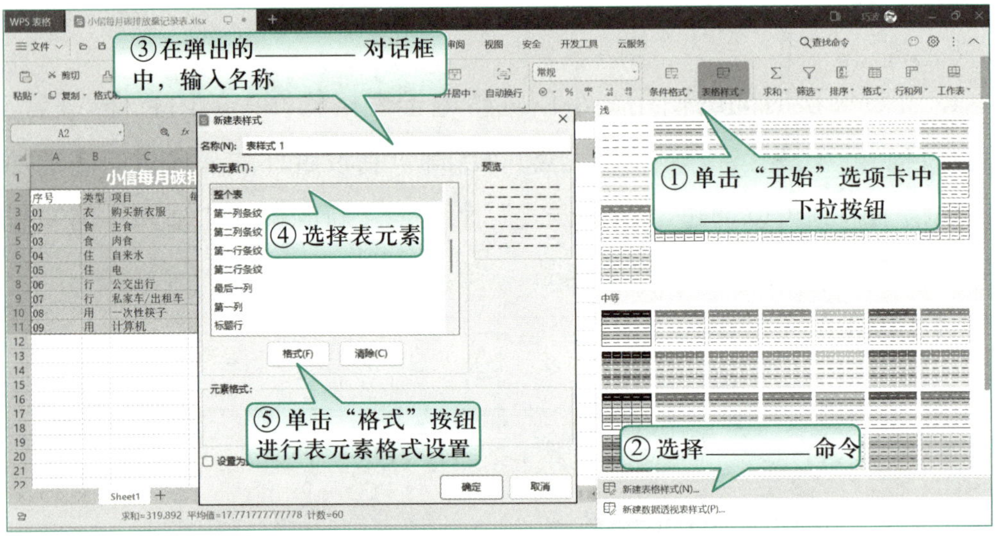

图 4-1-13　新建表格样式

2. 小信在单元格中输入数据时，发现偶尔会存在误输入的现象。通过向高老师请教，小信了解到可以通过设置“数据有效性”来解决这一问题。请和小信一起学习如何设置“数据有效性”，期待你的作品。

设置单元格内只允许输入 0～100 的整数，请补全图 4-1-14 操作步骤。

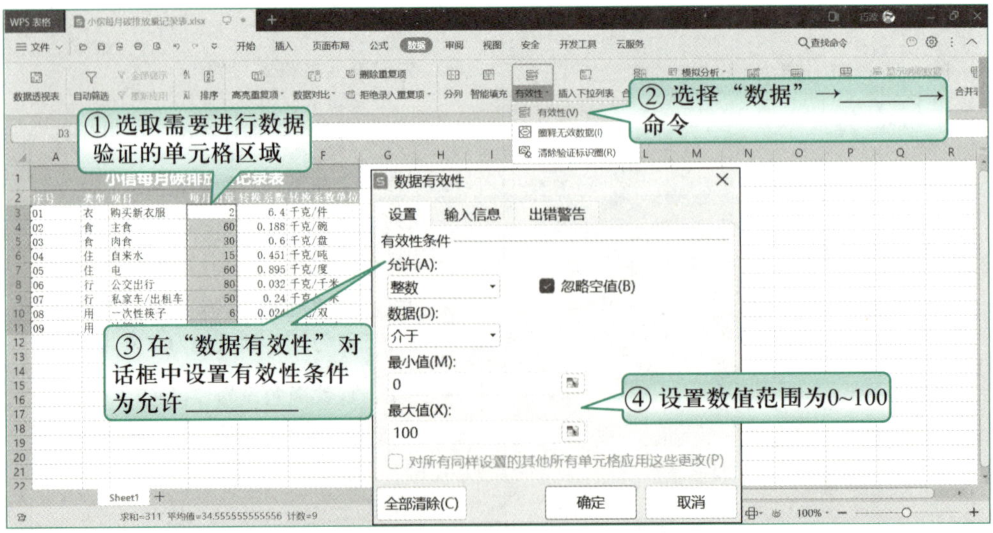

图 4-1-14　“数据有效性”设置

4.2 加工数据

【学习目标】

1. 了解数据整理的基础知识。
2. 会使用函数、运算表达式等进行数据运算。
3. 会对数据进行排序、筛选和分类汇总。

任务1 使用公式和函数

练一练

一、单项选择题

1. 电子表格中，求和函数的名称是（　　）。

A. SUN　　B. SUM

C. AVERAGE　　D. MIN

2. 函数MAX（范围）的功能是（　　）。

A. 求范围内所有数字的和　　B. 求范围内所有数字的平均值

C. 求范围内所有数字的最大值　　D. 求范围内所有数字的最小值

3. 已知单元格C1中的公式是“=A1+B2”，复制到单元格E5后，单元格E5中的公式是（　　）。

A. =A1+B1　　B. =A5+B6

C. =C5+D6　　D. ERROR!

二、填空题

1. 公式是以________开头，对工作表中的数据执行运算的等式，也称表达式。公式中可以包含________、________、________和________。

2. 函数由________、________和________三部分组成。

3. IF 函数的最简单形式是 ________________________ 。

三、判断题（正确的打“√”，错误的打“×”）

（　　）1. 当一个函数中包含多个参数时，参数之间用分号隔开。

（　　）2. 公式中如果使用多个运算符，则按运算符的优先级别从高到低进行运算，同级运算符从左到右进行计算。运算顺序为：算术运算 > 文本运算 > 关系运算 > 圆括号。

（　　）3. IF 函数不能嵌套使用。

（　　）4. 输入公式时，所有的运算符必须是英文半角。

（　　）5. 相对引用会因为公式所在位置的不同而发生相应的变化。

做一做

“碳排放”是关于温室气体排放的一个总称或简称。温室气体中最主要的气体是二氧化碳，因此用碳 (Carbon) 一词作为代表。人类的任何活动都有可能造成碳排放，如烧火做饭、用电、开车出行等。

通过之前课程的学习，小信已经基本完成了自己每月碳排放量记录表的填写。接下来，请你和他一起完成碳排放量及排名的计算。

注：碳排放量的计算方法为“碳排放量（千克）= 每月用量 × 转换系数”。

一、温故知新

连一连：请通过网络搜索、小组讨论或实践操作等方式，区分常见的运算符和函数，完成下列连线题。

① 运算符。

+、–、*、/	关系运算符
>、<、>=、<=、<>	引用运算符
%、^	文本运算符
&	算术运算符
:（冒号）、,（逗号）、（空格）	

② 常用函数。

SUM 函数	求和
AVERAGE 函数	最大值
IF 函数	最小值
MAX 函数	条件
MIN 函数	平均值

二、自主设计

1. 思考：计算图 4-2-1 所示的“小信每月碳排放量记录表”中的“碳排放量”“排放量排名”，以及每月碳排放量总值，分别应该使用哪些运算符或函数？请在下方横线处填写相应的公式/函数表达式。

① G3 单元格中的表达式为 ________________________ ；

② H3 单元格中的表达式为 ________________________ ；

③ G12 单元格中的表达式为 ______________________ 。

	A	B	C	D	E	F	G	H
1	小信每月碳排放量记录表							
2	序号	类型	项目	每月用量	转换系数	转换系数单位	碳排放量（千克）	排放量排名
3	01	衣	购买新衣服	2	6.400	千克/件		
4	02	食	主食	60	0.188	千克/碗		
5	03	食	肉食	30	0.600	千克/盘		
6	04	住	自来水	15	0.451	千克/吨		
7	05	住	电	60	0.895	千克/度		
8	06	行	公交出行	80	0.032	千克/千米		
9	07	行	私家车/出租车	50	0.240	千克/千米		
10	08	用	一次性筷子	6	0.024	千克/双		
11	09	用	计算机	8	0.062	千克/小时		
12			小计					

图 4-2-1　小信每月碳排放量记录表

2. 小组讨论：本组同学给出的表达式是否一致？若有多种计算方式，你认为选用哪种更为合适？为什么？请填在下方横线处。

____

____

3. 单元格地址判断：小信在计算“排放量排名”时，用到了 RANK 函数，其在 H3 单元格中输入的表达式为“=RANK(G3，G3：G11，0)”。请问，该表达式中用到的“G3：G11”属于哪一种单元格地址引用方式？（请打“√”）

□相对引用　　□绝对引用　　□混合引用

4. 碳排放量值转换：已知，平均一棵树一年吸收二氧化碳量为 18.5 千克。算一算，为补偿小信一个月的碳排放量，需要植树________棵。

5. 思考：通过上述计算，你发现日常生活中的哪些行为将产生较高的碳排放？我们日常生活中可以采取哪些措施来减少碳排放？请填在下方横线处。

____

____

三、举一反三

一年一度的学校运动会即将举行，赛项成绩的汇总与统计分析是一项烦琐的工作。有了替小信计算碳排放量值与排名的经验，相信你一定能更好地完成“赛项名次积分汇总表”和“班级积分名次汇总表”的制作。请你根据要求完成两张表格的制作，期待你的作品。

1. 设计“赛项名次积分汇总表”。

① 打开电子表格软件，新建工作表，添加列标题“赛项名称”“类型”“年级”“学部”“班级”“名次”“成绩”“积分”；

② 将“赛项名次积分汇总表.txt”中的数据导入到电子表格中。

2. 用 IF 函数根据名次计算积分。

积分计算规则

积分由基础分和奖励分两部分组成，具体计算方式如下。

➤基础分：9-名次。

➤个人项目奖励分：IF（名次<=3，5-2*（名次-1），0），即前三名分别奖励 5、3、1 分。

➤团体项目奖励分：IF（名次<=3，7-2*（名次-1），0），即前三名分别奖励 7、5、3 分。

① 设置函数。使用 IF 函数完成 H2 单元格中积分值的计算，如图 4–2–2 所示。H2 单元格中输入的公式应为 ________________________________；

② 填充函数。利用填充柄完成公式的填充。

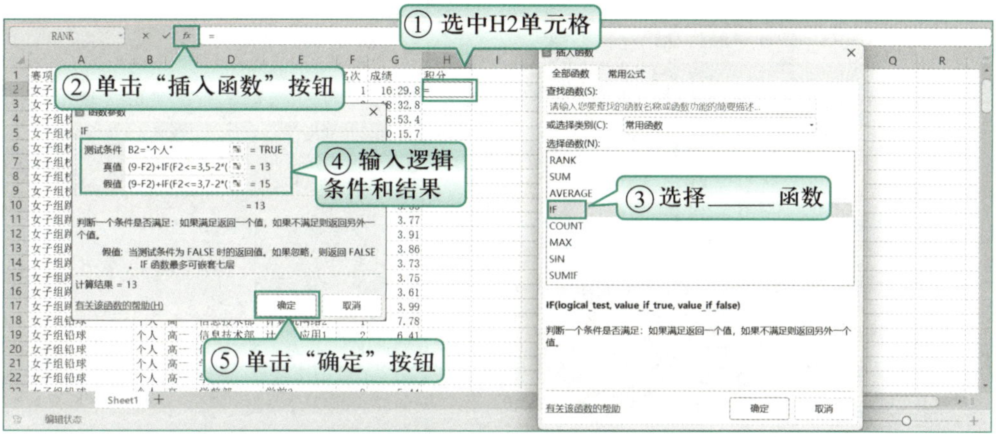

图 4–2–2 使用 IF 函数计算积分

3. 用 SUM 函数分别计算各班的总积分。

① 按班级排序。选取单元格 E1，单击“数据”选项卡中的“升序”按钮；

② 计算“导游”班总积分。在第 20 行下插入一空白行，复制单元格区域“C20：E20”内容到“C21：E21”，选中 H21，单击“公式”→“自动求和”→________按钮，完成“导游”班总积分的计算。

③ 同理，依次完成其他班级的总积分计算。

4. 制作“班级积分名次汇总表”。

新建“班级积分名次汇总表”工作表，添加列标题“年级”“学部”“班级”“总积分”，并把各班的赛项总积分所在行复制到表中。

探一探

计算全校高一班级数量、总积分、各班平均积分、最高积分、最低积分，并对各班进行排名。

① 在“班级积分名次汇总表”中新增“班级数量”“总积分”“平均积分”“最高积分”和“最低积分”行，以及“名次”列，如图 4–2–3 所示。

	A	B	C	D	E
1	年级	学部	班级	总积分	名次
2	高一	旅游服务部	导游	139	
3	高一	经贸部	国际商务	64	
4	高一	旅游服务部	会展	44	
5	高一	信息技术部	计算机网络1	27	
6	高一	信息技术部	计算机网络2	48	
7	高一	信息技术部	计算机应用1	109	
8	高一	信息技术部	计算机应用2	69	
9	高一	信息技术部	计算机应用3	4	
10	高一	信息技术部	美术设计	36	
11	高一	经贸部	商务德语	54	
12	高一	经贸部	商务法语	34	
13	高一	经贸部	商务韩语	34	
14	高一	经贸部	商务日语	13	
15	高一	旅游服务部	西餐	79	
16	高一	学前部	学前1	62	
17	高一	学前部	学前2	26	
18	高一	学前部	学前3	53	
19	高一	学前部	学前4	34	
20	高一	学前部	学前5	25	
21	高一	旅游服务部	中餐	66	
22		班级数量			
23		总积分			
24		平均积分			
25		最高积分			
26		最低积分			

图 4-2-3　班级积分名次汇总表

② 在单元格 D22 中输入公式＿＿＿＿＿，利用 COUNT 函数求出班级数量。

③ 在单元格 D23 中输入公式＿＿＿＿＿，利用 SUM 函数求出总积分。

④ 在单元格 D24 中输入公式＿＿＿＿＿，利用 AVERAGE 函数求出平均积分。

⑤ 在单元格 D25 中输入公式＿＿＿＿＿，利用 MAX 函数求出最高分。

⑥ 在单元格 D26 中输入公式＿＿＿＿＿，利用 MIN 函数求出最低分。

⑦ 在单元格 E2 中输入公式＿＿＿＿＿，利用 RANK 函数求出导游班总积分排名。

⑧ 完成“E3：E21”的公式填充，求出其他各班排名。

任务 2　使用排序和筛选

练一练

一、单项选择题

1. 文本类型的数据默认按（　　）排序。

A. 拼音　　　B. 笔画　　　C. 数值　　　D. 以上都不对

2. 进行奥运会奖牌榜排名时，首先按金牌数量排名，当金牌数量相同时再按银牌数量排名，当金牌数量和银牌数量都相同时再按铜牌数量排名，只有当金牌、银牌和铜牌数量均相同时，才能确定名次并列。在这个过程中，排序的关键字依次为（　　）。

A. 奖牌总数、金牌数、银牌数、铜牌数

B. 金牌数、银牌数、铜牌数、奖牌总数

C. 金牌数、银牌数、铜牌数

D. 以上都不对

3. 在 WPS 表格中，筛选时不可以通过（　　）方式进行数据的筛选。

A. 颜色筛选　　B. 文本筛选　　C. 数字筛选　　D. 以上都可以

4. 某高级筛选的条件区域如图 4-2-4 所示，表示的是（　　）。

班级	积分
计算机班	
	>5

图 4-2-4　高级筛选

A. 筛选出班级为“计算机班”的结果

B. 筛选出班级积分“>5”的结果

C. 筛选出班级为“计算机班”且积分“>5”的结果

D. 筛选出班级为“计算机班”或积分“>5”的结果

二、填空题

1. 在电子表格软件中，对数据进行排序时，“次序”默认为________（升序/降序）。

2. 电子表格软件中的筛选可以分为________、________和高级筛选等方式。

3. 高级筛选的关键是准确设置________________。

三、判断题（正确的打“√”，错误的打“×”）

（　　）1. 排序可以实现表格数据按设定的排序规则重新排列，使具有相同或相近值的行排列在一起，方便浏览和分析。

（　　）2. 多重排序时最多只能设置 3 个次要关键字。

（　　）3. 筛选是指让某些符合条件的数据行显示出来，不符合条件的数据则直接删除。

（　　）4. 在电子表格软件中，数据只能按列排序。

做一做

小信想将每月碳排放量记录表中的数据按照“衣、食、用、住、行”的顺序进行排序，增强表内数据的逻辑性、可读性。此外，高老师找到小信，想了解小信在日常生活中造成碳排放量值前三的项目是哪些？

请和小信一起思考，采用哪些方法可以快速解决上述两个问题？

一、温故知新

打开“小信每月碳排放量记录表 3.xlsx”，进行排序和筛选操作。

1. 按碳排放量进行“降序”排序，请补全图 4-2-5 操作步骤。

此时，发现________类型中的________项目碳排放量最高。

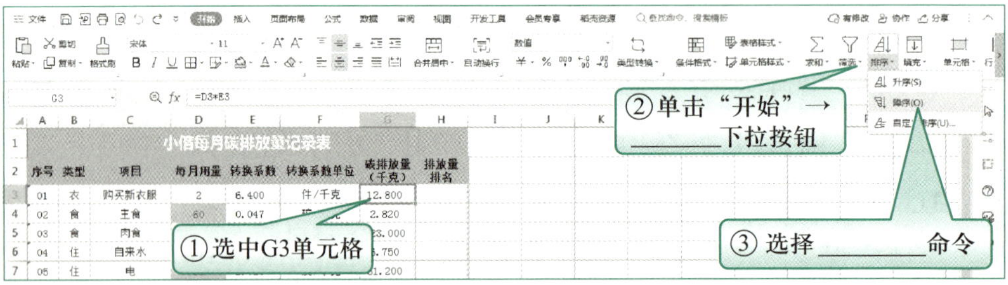

图 4-2-5　排序操作

2. 完成单元格区域“H4：H11”内容的填充。

将光标置于 H3 单元格，在单元格中输入数字“1”，并向下完成单元格区域“H4：H11”内容的填充；

3. 将“序号”列按照“升序”排序，完成碳排放量的排名计算。

4. 筛选出排名前三的数据行，请补全图 4-2-6 操作步骤。

思考：为什么小信不直接删除排放量排名大于 3 的数据行，而采用筛选操作？筛选操作有何优势？请将思考结果写在下方横线处。

____

____

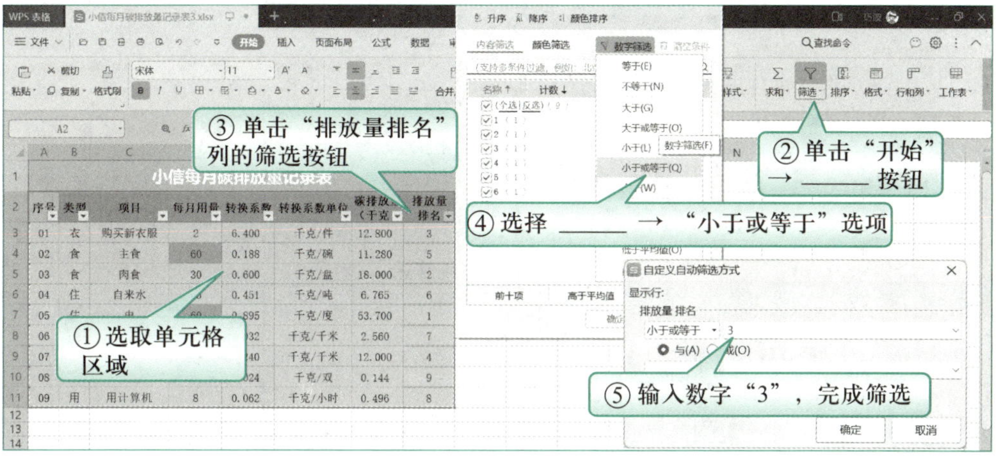

图 4-2-6 筛选操作

二、自主设计

1. 按类型分别对碳排放量进行排序，请补全图 4-2-7 操作步骤。

思考：若要将类型按“衣、食、用、住、行”顺序进行排序，该如何设置排序的“次序”？请将操作步骤简要写在下方横线处。

____

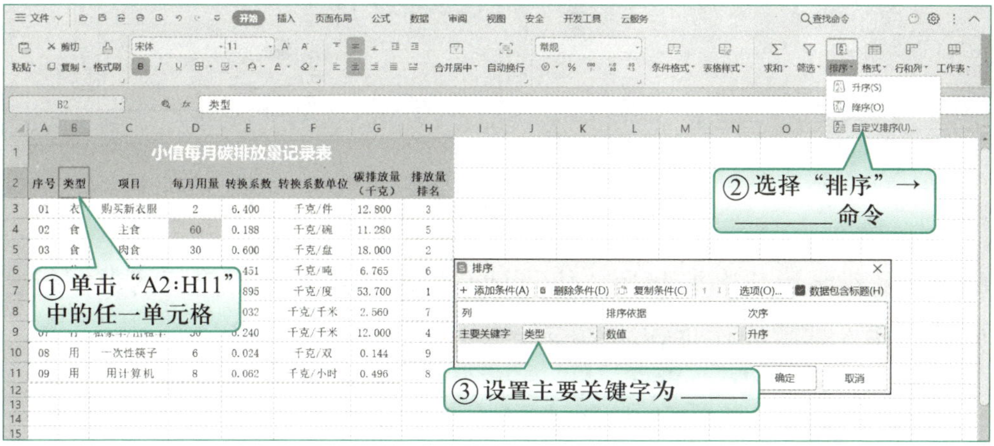

图 4-2-7 自定义排序

2. 利用颜色筛选，筛选出“每日用量”列中单元格背景颜色为粉色的数据行，请补全图 4-2-8 操作步骤。

3. 进行高级筛选。筛选出“住”类型或“排放量排名”为前五的数据行，请补全图 4-2-9 操作步骤。

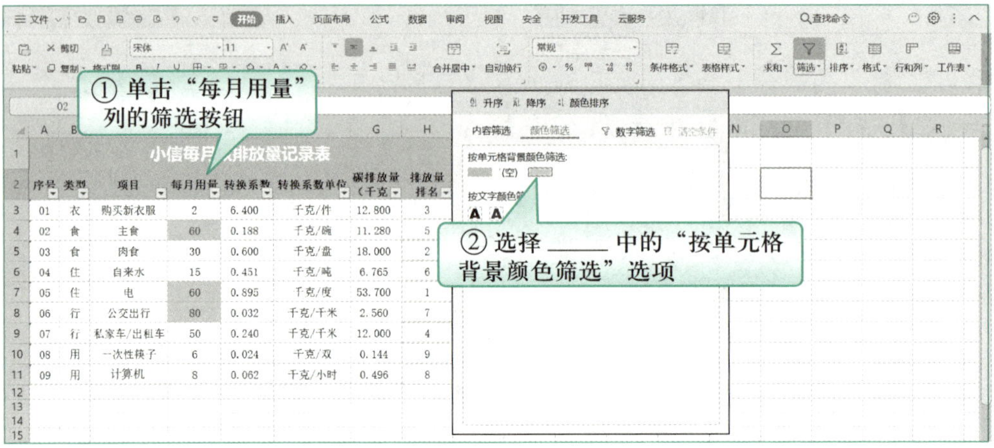

图 4-2-8　颜色筛选

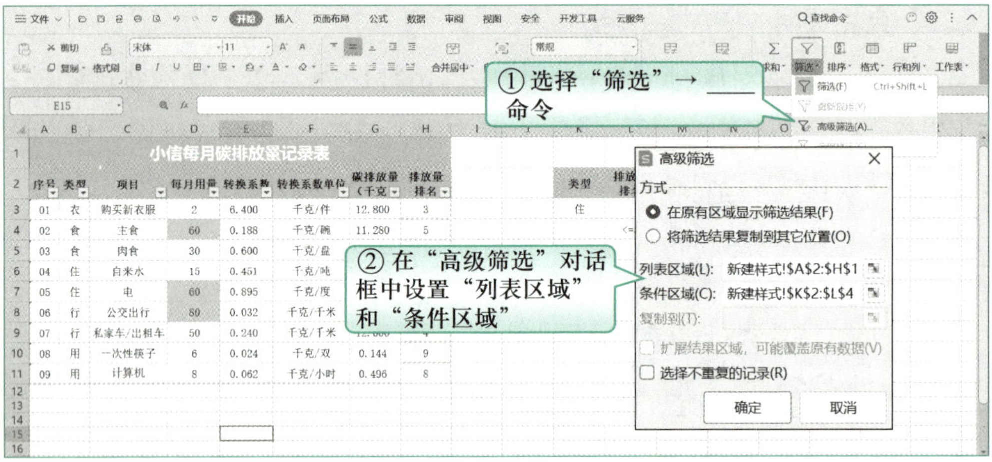

图 4-2-9　高级筛选

思考：若要筛选出类型为“住”且“排放量排名”为前五的数据行，又该如何操作？请将操作步骤简要写在下方横线处。

____

三、举一反三

打开“运动会成绩 .xlsx”，利用排序、筛选功能，确定每个班级的积分名次，并筛选出信息技术部的前三名班级数据行。

1. 利用排序确定各班名次。

本次运动会的年级前三名分别为：__________、__________、__________。

2. 通过多重排序查看各学部的班级排名。

其中，主要关键字应为：________，次要关键字应为________。

不同学部的前三名分别为：经贸部国际商务班、商务德语班、商务法语班；旅游服务部__________、__________、__________；信息技术部________、________、________；学前部________、________、________。

3. 通过高级筛选查看学部为“信息技术部”或排名为年级前三名的数据行，请完成表 4-2-1 中高级筛选条件区域的填写。

表 4-2-1　高级筛选的条件区域

学部	名次

探一探

1. 打开“奥运奖牌 .xlsx”，将奖牌榜按总数、金牌榜、银牌榜、铜牌榜降序排列。通过排序，发现中国位于奖牌榜排名第________位。

2. 打开“获奖情况排序 .xlsx”，对表中数据按“级别”“等第”“获奖时间”进行排序，如图 4-2-10 所示。

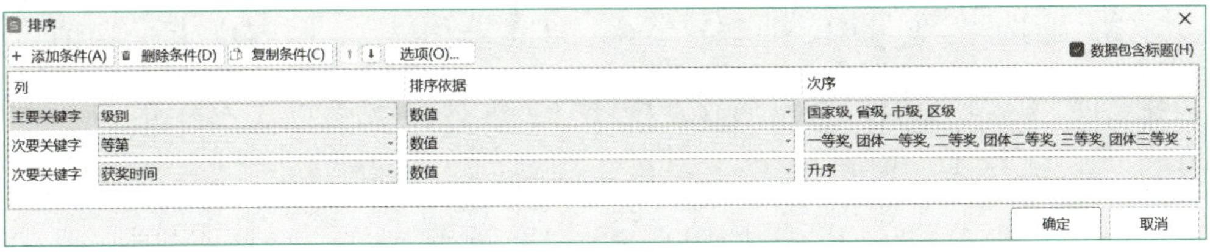

图 4-2-10　自定义序列排序

排序后可知，某校 2024 学年学生中获得最高荣誉的是________同学于________时间在________项目中获得________级别的________等奖。

3. 打开“汽车销售情况 .xlsx”，按要求完成以下高级筛选：

（1）筛选出吉梅汽车公司“毛利润率不低于 25%”或“净利润率不低于 10%”的销售月份，并完成表 4-2-2 中的条件区域填写。

表 4-2-2　高级筛选的条件区域 2

毛利润率	净利润率

（2）筛选出吉梅汽车公司“毛利润率不低于 25%”且“净利润率不低于 10%”的销售月份，并完成表 4-2-3 中的条件区域填写。

表 4-2-3　高级筛选的条件区域 3

毛利润率	净利润率

任务 3　使用分类汇总

练一练

一、单项选择题

1. 分类汇总之前要先（　　）。

A. 筛选　　B. 排序　　C. 求和　　D. 求平均值

2. 若想通过分类汇总查看不同班级的人数，应该将“分类汇总”对话框中的“汇总方式”设置为（　　）。

A. 求和　　B. 平均值　　C. 计数　　D. 最值

3. 在电子表格软件中，最多可以实现（　　）级分类汇总。

A. 1　　B. 2　　C. 3　　D. N

二、填空题

1. 在电子表格软件，若要删除已经完成的分类汇总，则需要重新打开“分类汇总”对话框，单击对话框中的________按钮，以实现删除分类汇总的目的。

2. 在电子表格软件中，若要在已有分类汇总的基础上继续进行分类汇总，则需要在打开的“分类汇总”对话框中取消 ____________ 选项的勾选。

3. 函数 SUBTOTAL 的语法为 SUBTOTAL (function_num，ref1，ref2)，其中 function_num 一般为 1 ~ 11 的数字，用于指定何种函数在列表中进行分类汇总计算。function_num 值为 9，代表的函数是 ____________ 。

三、判断题（正确的打“√”，错误的打“×”）

(　　) 1. 使用分类汇总，可以快速地对已分类的数据进行汇总。

(　　) 2. 分类汇总每次只能对一个字段进行分类，且一次只能选定一个汇总项。

(　　) 3. 可以利用排序结合函数等方式实现分类汇总。

(　　) 4. 分类汇总是在原表之上进行操作的，会改变原表结构。

做一做

经过前几个任务的练习，小信已经能够快速确认排放量的排名，并精确筛选出所需数据。小信想进一步了解每月在“衣、食、用、住、行”这 5 个生活领域中的碳排放量分别是多少，并找出碳排放量最大的类型，采用何种方式可以快速得到答案？请与小信一起思考，解决此问题。

一、温故知新

打开“小信每月碳排放量记录表 4.xlsx”，计算出不同类型的碳排放量。

1. 利用“排序 + 求和函数”计算。

通过计算发现，小信每月 __________ 类型的碳排放总量最高，达到了 __________，如图 4-2-11 所示。

2. 利用分类汇总计算。

① 排序。对原始数据按 ________ 列进行排序；

② 分类汇总。按“类型”对“碳排放量（千克）”进行求和汇总，请补全图 4-2-12 操作步骤。

3. 对比以上两种求“不同类型碳排放量”的方法，发现它们存在一个共同点，即都需要先 ________。当数据量较大时，为快速实现对已分类的数据进行汇总，建议优先选择 ________ 方法。

	A	B	C	D	E	F	G	H
1	小信每月碳排放量记录表							
2	序号	类型	项目	每月用量	转换系数	转换系数单位	碳排放量	排放量排名
3	04	住	自来水	15	0.451	千克/吨	6.765	
4	05	住	电	60	0.895	千克/度	53.700	
5		住					60.465	
6	08	用	一次性筷子	6	0.024	千克/双	0.144	
7	09	用	计算机	8	0.062	千克/小时	0.496	
8		用					0.640	
9	01	衣	购买新衣服	2	6.400	千克/件	12.800	
10		衣					12.800	
11	06	行	公交出行	80	0.032	千克/千米	2.560	
12	07	行	私家车/出租车	50	0.240	千克/千米	12.000	
13		行					14.560	
14	02	食	主食	60	0.188	千克/碗	11.280	
15	03	食	肉食	30	0.600	千克/盘	18.000	
16		食					29.28	

图 4-2-11　利用“排序 + 求和函数”计算

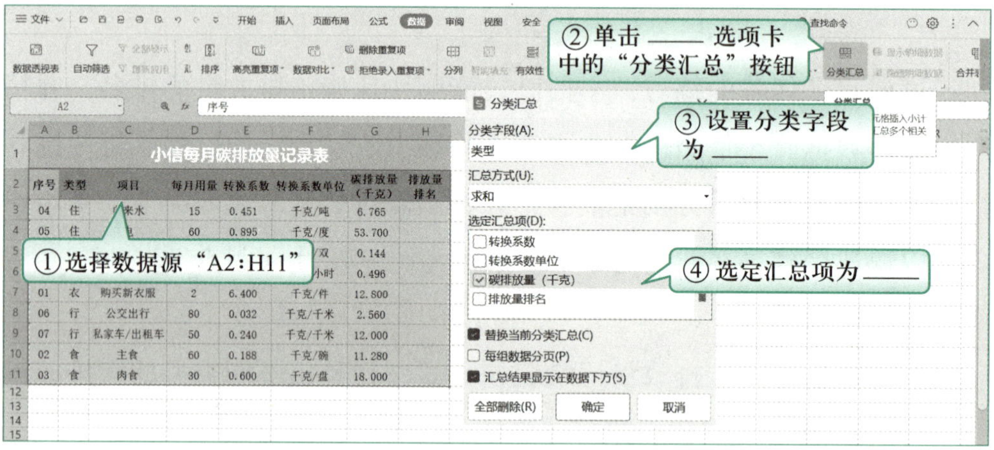

图 4-2-12　利用分类汇总计算

二、自主设计

打开“运动会成绩 .xlsx”，对运动会获奖情况按“学部”和“班级”进行积分求和汇总。

1. 排序。对原始数据按主关键字 ________、次关键字 ________进行排序。

2. 第一次分类汇总。按“学部”进行积分的求和汇总。

在“分类汇总”对话框中，设置分类字段为________，汇总方式为

________，选定汇总项为 ________。

3. 第二次分类汇总。在第一次的基础上，再按“班级”进行汇总。

在“分类汇总”对话框中，将分类字段改为 ________，其余不变。同时，不勾选“替换当前分类汇总”复选框。

4. 分级查看汇总结果，单击分级显示按钮，显示分类但隐藏明细，直观地查看各学部各班级的积分对比情况。

5. 统计每个班级的获奖人次。再次使用分类汇总，将分类字段设置为 ________，汇总方式设置为 ________，实现各班获奖人次的统计。

探一探

小信发现每学期期末，班主任李老师都需要将班内每一名同学的成绩和评语依次输入他们的学业成绩表，小信不禁感叹这样做效率实在是太低了！请同学们开动脑筋，帮小信想想有什么好办法能快速完成所有同学学业评价表的填写。

1. 设置下拉列表，请补全图 4-2-13 操作步骤。

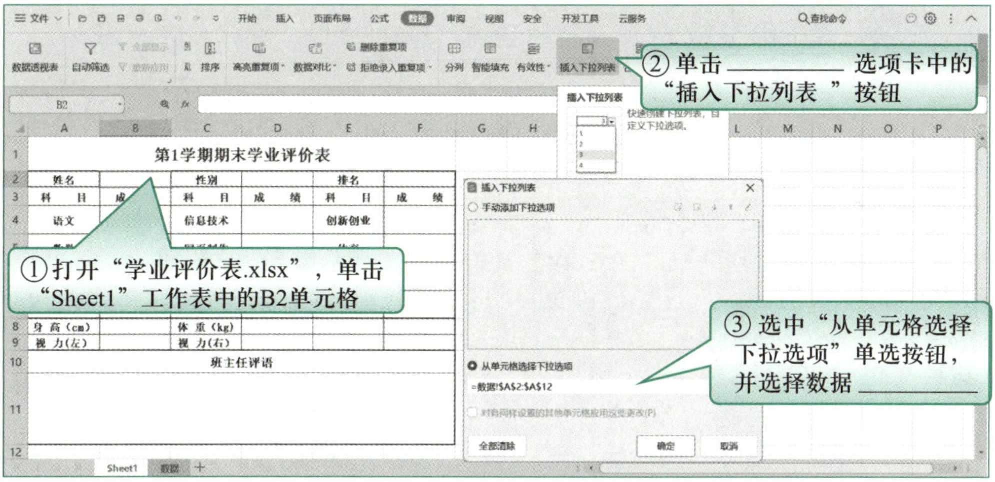

图 4-2-13　设置下拉列表

2. 用 VLOOKUP 函数引用学业评价表。

① 将光标放在“Sheet1”工作表中的 D2 单元格，在单元格中输入公式

"=VLOOKUP（B2，数据! $A：$U,2,FALSE）"，求出 B2 单元格中姓名所对应的性别值，如"张三"的"性别"为________；

② 模仿步骤① 的公式，尝试写出 B4 单元格中的公式____；

③ 对比 D2 单元格和 B4 单元格中的公式，发现两者只是在第____个参数上有所不同，其余均相同。此参数代表的含义是________（内容/查找区域/返回列/匹配方式）；

④ 根据已知技巧，快速完成其余空白单元格中的 VLOOKUP 函数填写。

4.3 分析数据

【学习目标】

1. 能根据需求对数据进行简单分析。
2. 会应用可视化工具分析数据并制作简单数据图表。

任务1 使用图表

练一练

一、单项选择题

1. 图表的作用是（　　）。

A. 直观形象地表示出数值大小及变化趋势等

B. 和普通表格一样

C. 汇总、浏览和呈现数据

D. 以上都对

2. 在WPS软件中，可以快速对图表元素进行添加或删除的按钮是（　　）。

A. 　　B. 　　C. 　　D. 

3. 饼图不能添加的元素是（　　）。

A. 图表标题　　B. 图例　　C. 数据标签　　D. X/Y 轴信息

4. 适合用于对比分析近年来我国6种温室气体排放量的图表是（　　）。

A. 柱形图　　B. 折线图　　C. 饼图　　D. 雷达图

5. 适合用于呈现我国不同地区植被覆盖率占比的图表是（　　）。

A. 柱形图　　B. 折线图　　C. 饼图　　D. 雷达图

二、填空题

1. ________图用于显示一段时间内数据的变化或显示项之间的比较情况。

2. ________图用于显示随时间而变化的连续数据。

3. 饼图用于显示一个数据系列中各项的大小与各项总和的比例，适用于显示一个整体内各部分所占的比例。其中，各部分所占比例之和应为________。

4. 在电子表格软件中，创建图表时需要先选择____________，再选择____________。

三、判断题（正确的打“√”，错误的打“×”）

(　　) 1. 常见的图表类型只有柱形图、折线图和饼图三种。

(　　) 2. 柱形图通常沿垂直轴显示类别，沿水平轴显示值。

(　　) 3. 折线图适合显示相等时间间隔下数据的变化趋势。

(　　) 4. 如果修改工作表中的数据，图表中的图形会随之变化。

(　　) 5. 在创建图表时，图表类型一旦确定不能修改。

做一做

2024 年 5 月 15 日是“全国低碳日”。高老师找到小信，希望小信能利用专业所长做一期有关“碳排放”的宣传海报，倡导全校师生低碳生活、节能降碳。经过思考，小信觉得之前的碳排放量记录表呈现的结果不够形象、直观，无法起到很好的宣传效果。请同学们帮小信想一想采用什么样的方式呈现数据才能更加形象、直观。

一、温故知新

1. 观察图 4–3–1 和图 4–3–2，从哪张图中你能快速得出小信每月碳排放量值最高的是“衣、食、住、行、用”中的哪一类？为什么？

2. 思考：为什么采用柱形图来呈现图 4–3–1 中的数据？能不能采用其他类型的图表进行呈现？进行小组讨论，概括出常见图表的适用场合，并完成连线。

小信每月碳排放量记录表							
序号	类型	项目	每月用量	转换系数	转换系数单位	碳排放量（千克）	排放量排名
04	住	自来水	15	0.451	千克/吨	6.765	
05	住	电	60	0.895	千克/度	53.700	
	住 汇总					60.465	
08	用	一次性筷子	6	0.024	千克/双	0.144	
09	用	计算机	8	0.062	千克/小时	0.496	
	用 汇总					0.640	
01	衣	购买新衣服	2	6.400	千克/件	12.800	
	衣 汇总					12.800	
06	行	公交出行	80	0.032	千克/千米	2.560	
07	行	私家车/出租车	50	0.240	千克/千米	12.000	
	行 汇总					14.560	
02	食	主食	60	0.188	千克/碗	11.280	
03	食	肉食	30	0.600	千克/盘	18.000	
	食 汇总					29.280	
	总计					117.745	

图 4-3-1　小信每月各类型碳排放量分类汇总表

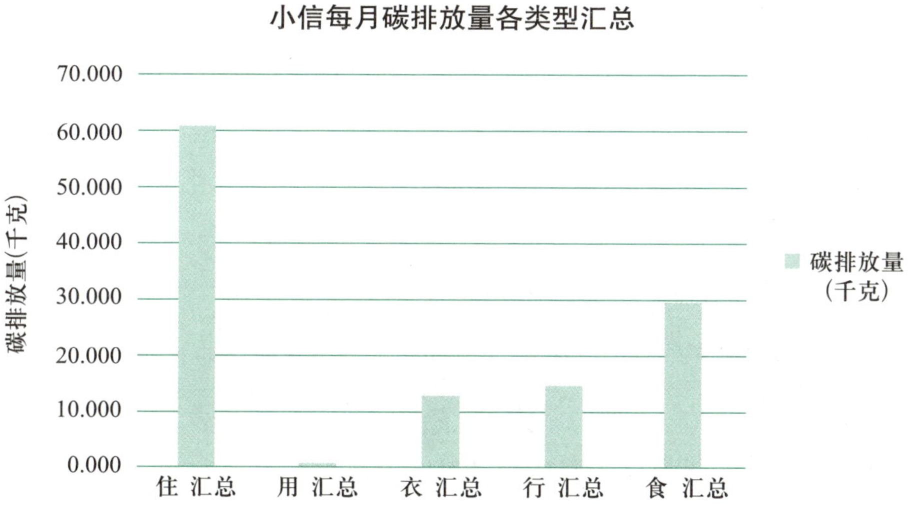

图 4-3-2　小信每月各类型碳排放量簇状柱形图

柱形图	将多维数据投影到平面上，实现多维数据的可视化
折线图	用于显示一段时间内数据的变化或显示项之间的比较情况，常用于比较
饼图	用于显示随时间而变化的连续数据，即呈现趋势
雷达图	用于显示一个数据系列中各项大小与各项总和的比例，常用于占比问题

二、自主设计

打开“小信每月碳排放量记录表 5.xlsx”，完成各类图表的制作。

1. 创建小信每月各类型碳排放量簇状柱形图，请补全图 4-3-3 操作步骤。

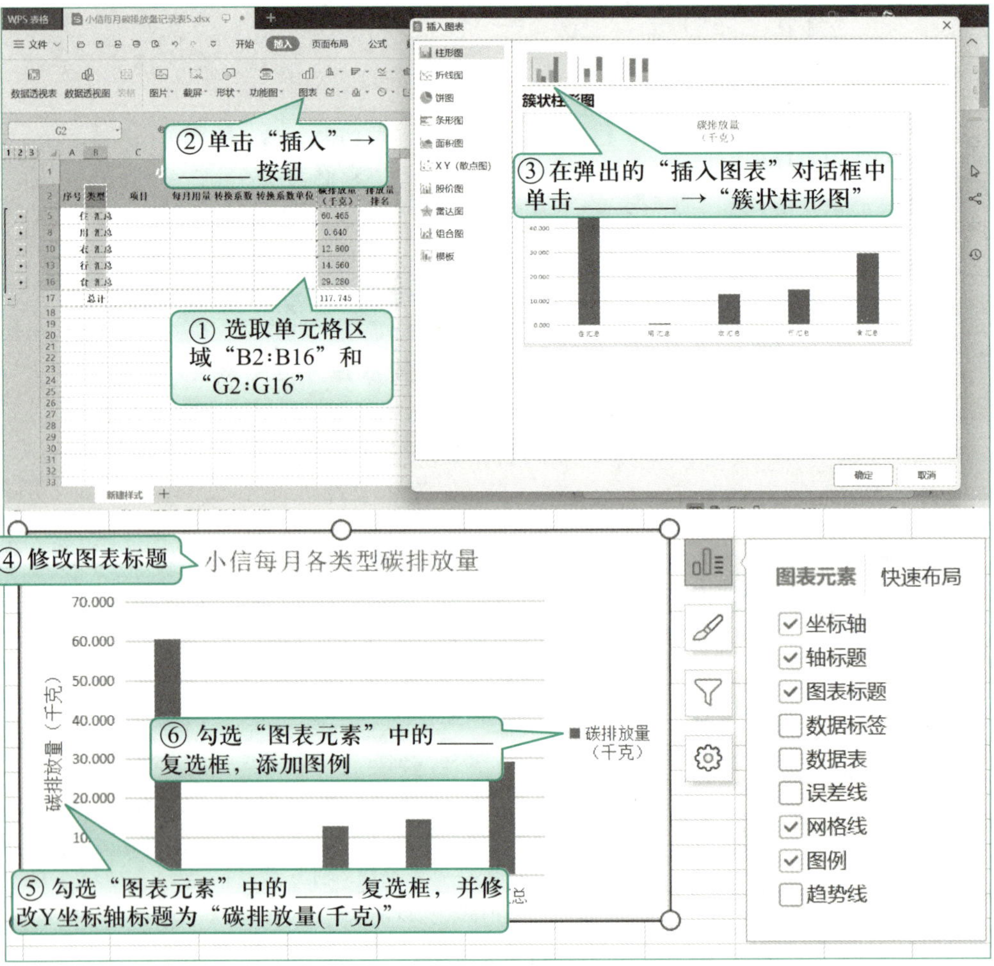

图 4-3-3　碳排放量簇状柱形图

2. 思考：小信在创建柱形图时，错将数据源选取为单元格区域“B2:B17 和 G2:G17”，导致结果如图 4-3-4 所示。请问若要去掉“总计”列，除了重做图表外，还有没有更好的方法？请将思考结果写在下列横线处。

____

____

3. 图表美化，请补全图 4-3-5 操作步骤。

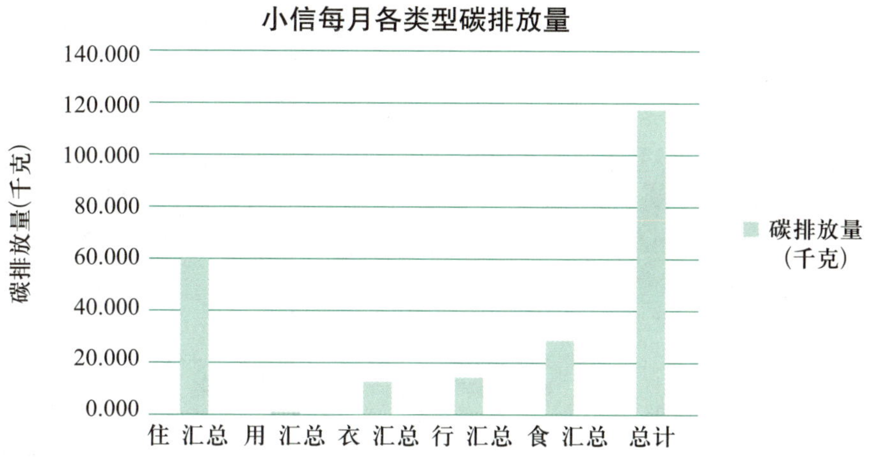

图 4-3-4　簇状柱形图

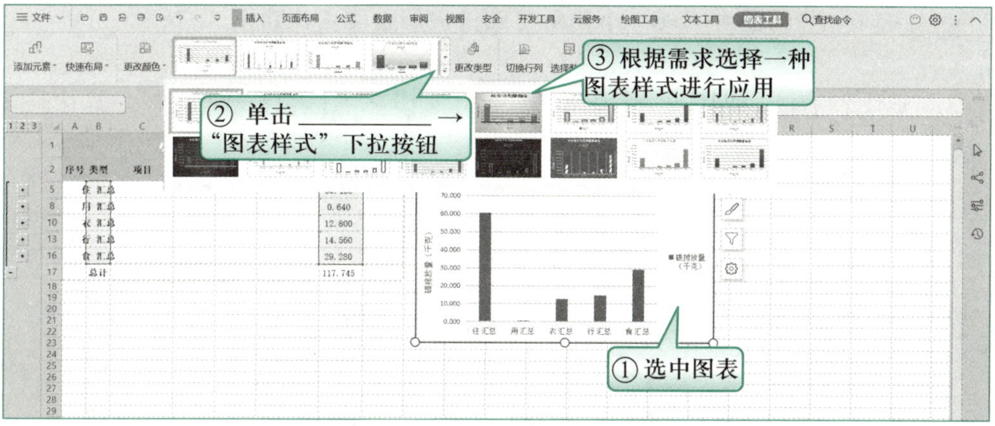

图 4-3-5　美化图表

三、举一反三

打开“吉梅汽车销售数据 .xlsx”，根据要求完成如下图表的制作，并美化。

1. 用折线图表示各月份毛利润和净利润对比。
2. 用饼图表示销售额各月份占比。
3. 用雷达图表示各月份销售指标完成情况。

探一探

在日常操作中，除了可以使用预设好的“图表样式”美化外，还可以自定义美化图表。打开“小信每月碳排放量记录表 5.xlsx”，完成如下操作。

1. 创建饼图。完成小信每月碳排放量各类占比饼图，请补全图 4-3-6 操作步骤。

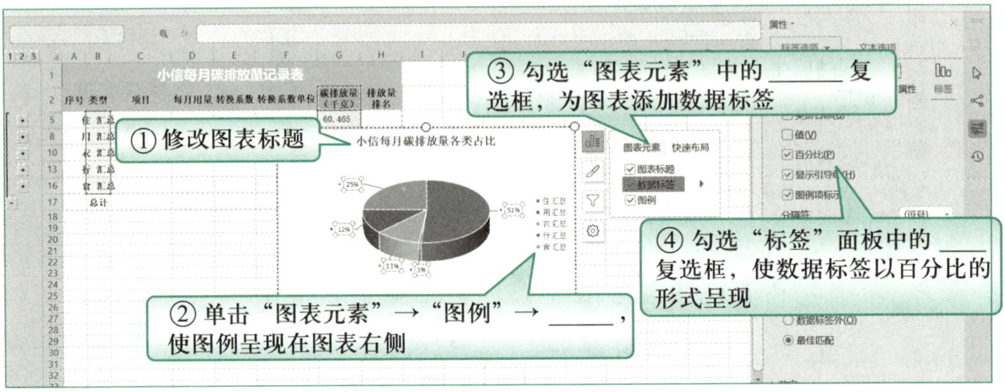

图 4-3-6　小信每月碳排放量各类占比饼图

2. 美化饼图。利用“图表样式”和“设置图表区域格式”美化图表，请补全图 4-3-7 操作步骤。

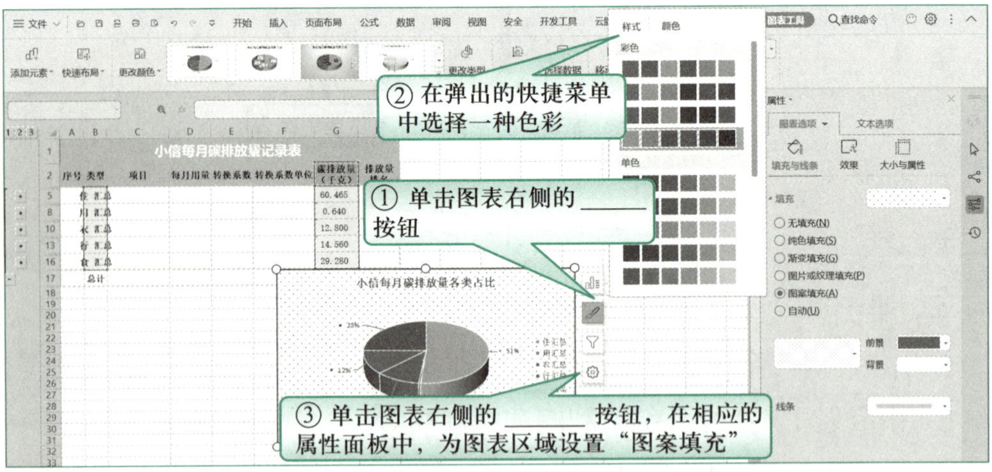

图 4-3-7　利用“图表样式”和“设置图表区域格式”美化图表

任务 2 使用数据透视表和透视图

练一练

一、单项选择题

1. 数据透视表，可以实现对（ ）字段同时进行分类汇总。

A. 1 个 B. 2 个 C. 多个 D. 以上都不对

2. 在 WPS 表格中创建数据透视表时，数据源可以是（ ）。

A. 某一个单元格区域，如“A2：C10” B. 外部数据源

C. 另一个数据透视表 D. 以上都可以

3. 以下选项中，属于组合图表的是（ ）。

A.
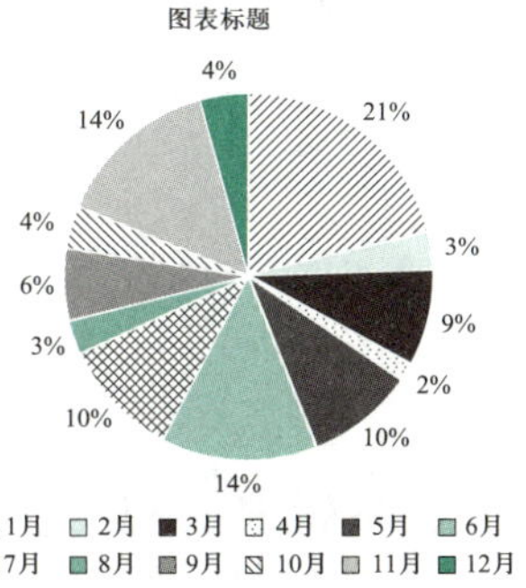

B.
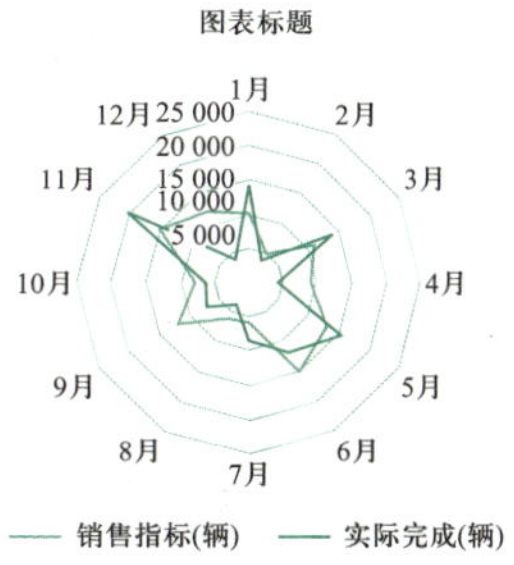

C.
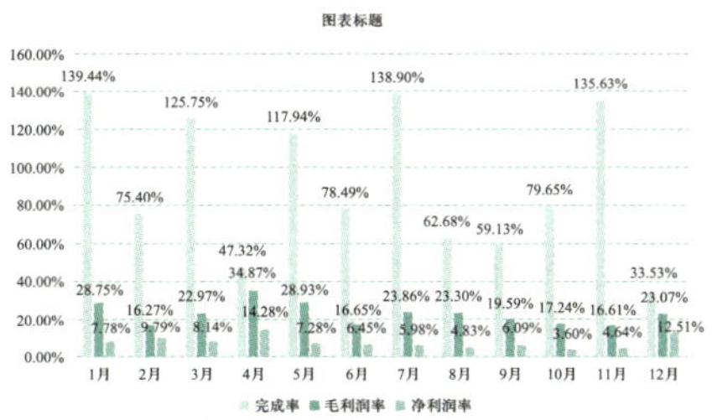

D.

二、填空题

1. 数据透视表是________、________和________数据的高效工具，便于对数据进行综合分析。

2. 在 WPS 表格中，若已经创建了数据透视表，可以通过单击________（设计/分析）选项卡中的“数据透视图”按钮完成数据透视图的创建。

3. 设置数据透视图的方式与设置普通图表类似，可以通过________按钮和________按钮进行设置。

4. 在线数据分析也称________，是一种新兴的软件技术，能快速灵活地进行数据的复杂查询处理，提供可视化的交互操作界面。

三、判断题（正确的打“√”，错误的打“×”）

（　　）1. 数据透视表灵活度低，不能根据需求快速地调整结果的显示方式。

（　　）2. 可以根据数据透视表创建相应的数据透视图，此透视图将随数据透视表的变化自动更新。

（　　）3. 在电子表格软件中创建数据透视表时，放置数据透视表的位置不仅可以是现有工作表，也可以是一个新工作表。

（　　）4. 数据透视表和数据透视图没有区别，创建时任选一种即可。

（　　）5. 通常在一个图表中，各序列会采用相同的图表类型。利用组合图表可以实现为每个序列指定单独的图表类型。

做一做

小信经常在朋友圈刷到这样的文案——“学会数据透视表，让你的数据动起来”，他不禁好奇数据透视表真的能让数据动起来？于是，小信再次找到高老师，决定一探数据透视表的奥秘。

一、温故知新

仔细观察图 4–3–8 和图 4–3–9，对比两者的区别，并尝试说出有何区别。

二、自主设计

1. 制作数据透视表。打开“小信每月碳排放量记录表 6.xlsx”，请补全 4–3–10 操作步骤。

思考：“分类汇总”与“数据透视表”的区别，并完成如下填空。

① 用分类汇总进行统计时，需要先根据分类字段对数据进行________，分类字段一旦发生变化，需要重新进行分类汇总。

② 利用数据透视表可以快速实现汇总分类的功能，可以实现对

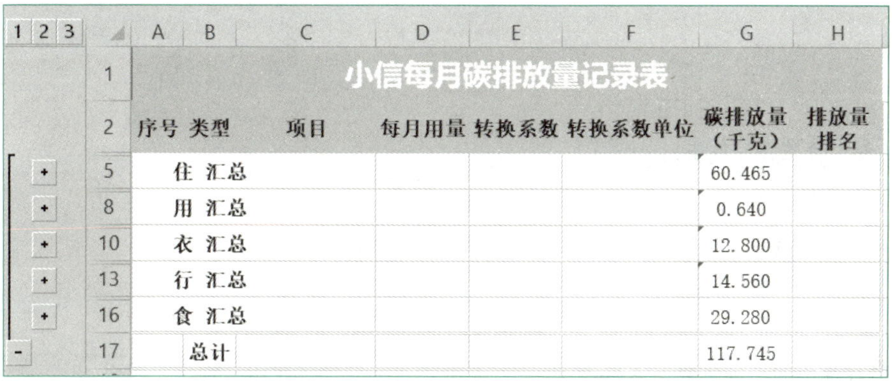

图 4-3-8 分类汇总效果图

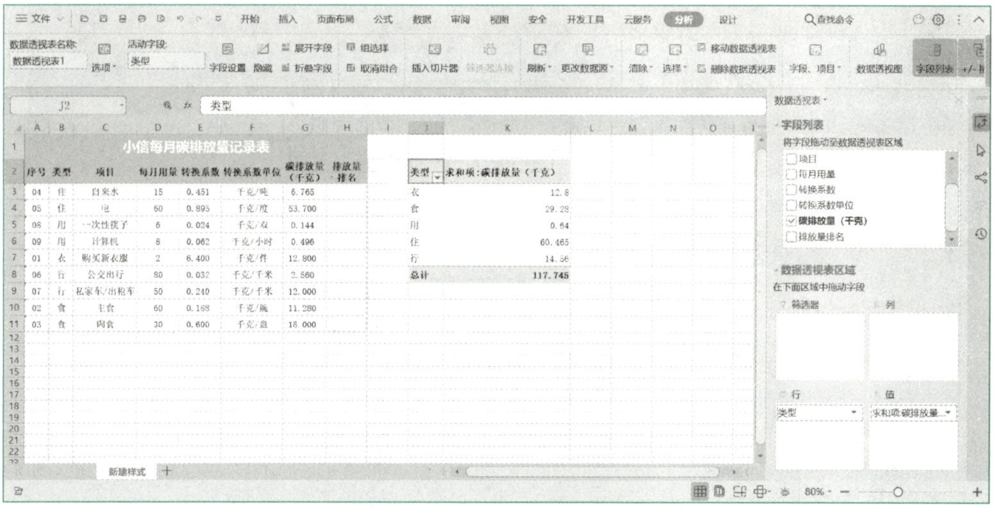

图 4-3-9 数据透视表效果图

________（单/多）个字段同时进行分类汇总，此外还可以根据需求随时调整结果的显示方式。

2. 美化数据透视表，请补全图 4–3–11 操作步骤。

思考：除此之外，还可以通过什么方式设置数据透视表的样式？请将思考结果写在下方横线处。

____

3. 创建数据透视图，请补全图 4–3–12 操作步骤。为了更好地呈现小信每月在“衣、食、用、住、行”这五个生活领域中各项的碳排放量情况，应选择________图表类型最合适。

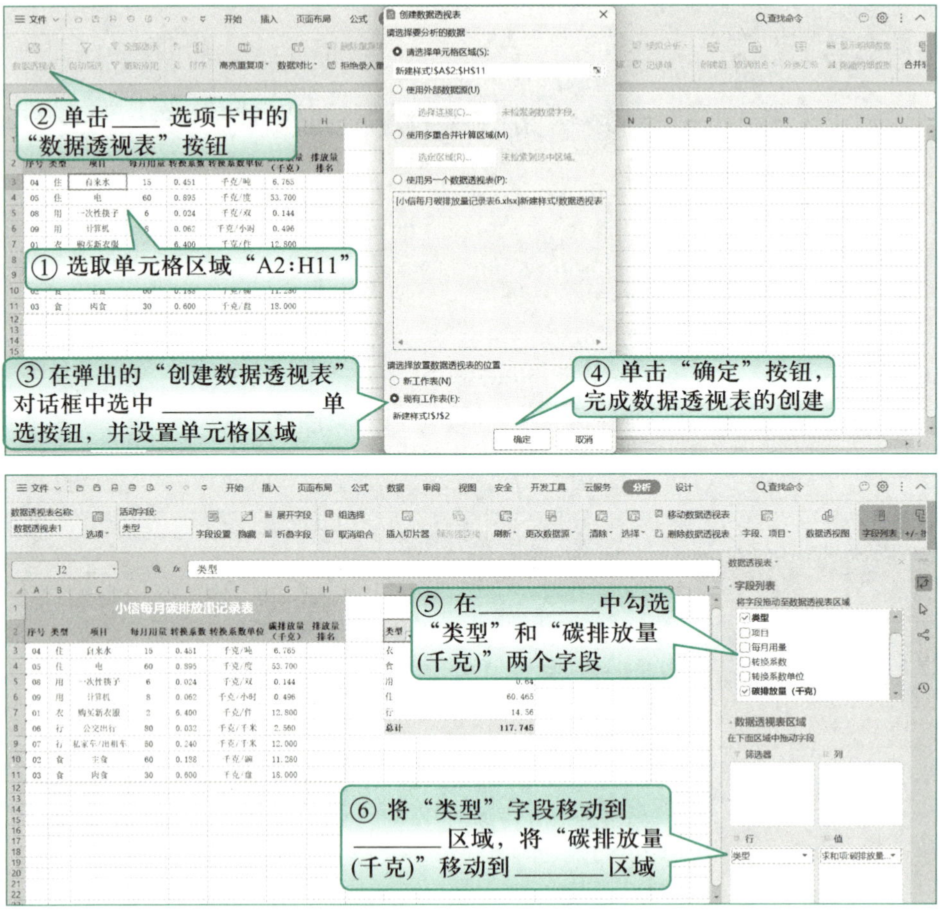

图 4-3-10　制作数据透视表

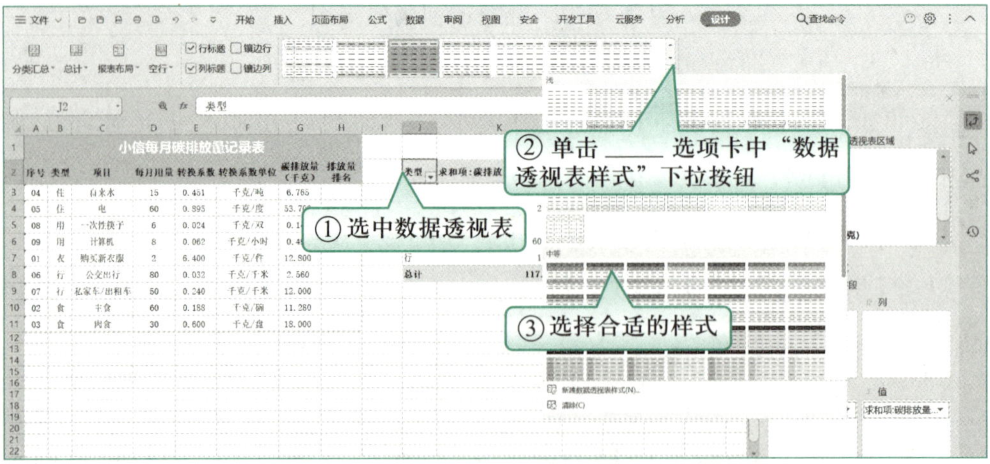

图 4-3-11　美化数据透视表

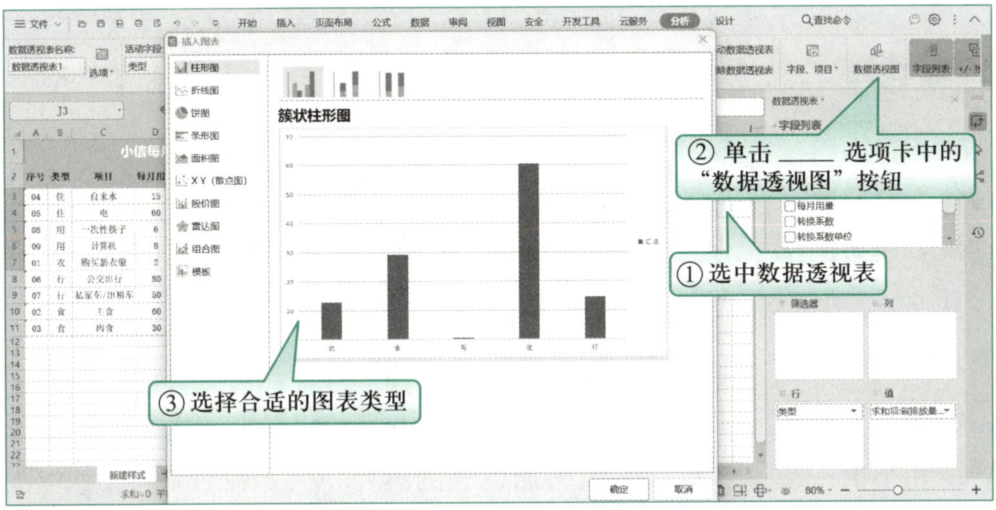

图 4-3-12 创建数据透视图

三、举一反三

结合所学，完成图 4-3-13 所示每个地区每种产品的销售金额数据透视表，并完成以下填空。

求和项:销售金额￥	品名					
销售地区	按摩椅	跑步机	微波炉	显示器	液晶电视	总计
北京	506400	1238600	258060	1173540	4055050	7231650
广州		926200	61440	625970	2060700	3674310
杭州	120000		165440	857640	2350000	3493080
南京	259200	649000	168300	605520	1622800	3304820
上海		671000	108500	490000	400000	1669500
重庆	506400	1238600	258060	1173540	4055050	7231650
总计	**1392000**	**4723400**	**1019800**	**4926210**	**14543600**	**26605010**

图 4-3-13 数据透视表

① 在制作数据透视表时，“品名”字段应放在 ________ 标签；“销售地区”字段应放在 ________ 标签；“销售金额”字段应放在 ________ 标签。

② 若要将“销售金额”从“求和”改成“求平均”，需要通过“值字段设置”，将“计算类型”改为 ________。

③ 将数据透视表转换为数据透视图，发现平均销售金额最高的产品为 ________，相应的销售地区为 ________。

探一探

在“做一做”的练习中，小信已经体验到了数据透视表的便利之处。数据透视表作为汇总、浏览和呈现数据的高效工具，能简化数据的综合分析过程，并支持根据需求快速调整结果的显示方式，实现对多个字段同时进行分类汇总。

但是，小信在“做一做”中的作品离“让数据动起来”还是存在一定差距。请和小信一起进一步探索数据透视表的奥秘，尝试制作图 4–3–14 所示数据透视表切片，体验“让数据动起来”的感觉。

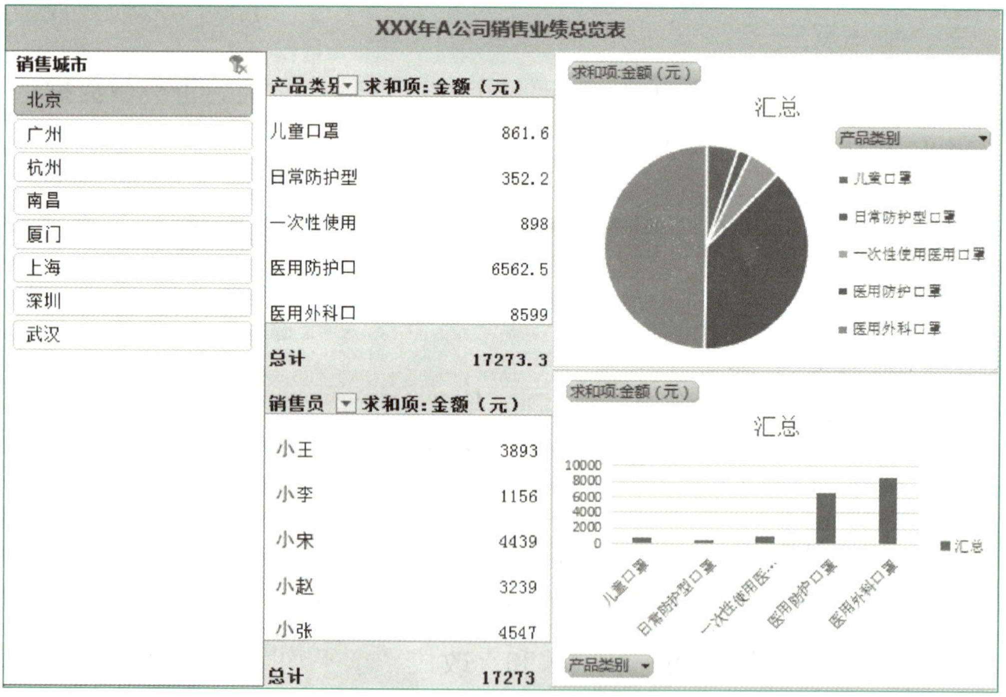

图 4–3–14　数据透视表切片

1. 在图 4–3–13 中，借助________工具，实现了“销售城市”与两个数据透视表之间的报表连接。

2. 在杭州________（产品类型）的销量最好，________（销售员）的业绩最高。

4.4 初识大数据

【学习目标】

1. 了解大数据基础知识。
2. 了解大数据采集与分析方法。

任务 了解大数据

练一练

一、单项选择题

1. 目前全球每年总的数据量可以达到（　　）级。

A. TB　　B. PB

C. EB　　D. ZB

2. 邮箱垃圾邮件分类属于数据挖掘处理的问题分类中的（　　）。

A. 分类　　B. 预测

C. 聚类　　D. 关联规则

3. 从数据展示的角度来看，可视化技术不包括（　　）。

A. 数据结构可视化　　B. 数据功能可视化

C. 数据发展趋势可视化　　D. 数据结果可视化

4. 大数据的应用领域包括（　　）。

A. 金融　　B. 医疗

C. 环保　　D. 以上都对

二、填空题

1. 大数据具有________、________、________、________等特征。
2. 数据采集是指从________或其他采集设备中获取数据。

3. 大数据的存储需要________和________的支持。

4. 数据挖掘所处理的问题类型大致可以分为________、________、________及________四种。

三、判断题（正确的打“√”，错误的打“×”）

（　　）1. 从技术的角度看，大数据指的是海量、高速增长和多样化的信息资产。

（　　）2. 采集的数据维度越多、越密集，大数据潜在的价值越大。

（　　）3. 大数据存储的数据类型是结构化数据。

（　　）4. NoSQL 泛指关系型数据库，是大数据存储中常用的数据库。

（　　）5. 物联网和大数据密不可分，物联网产生大数据，大数据助力物联网。

做一做

请把蛋挞和飓风用品摆在一起

2004 年，某大型连锁超市对“历史交易记录”这个庞大的数据库进行了分析。这个数据库记录的不仅包括每一位顾客的购物清单及消费额，还包括购物篮中的物品、具体购买时间，甚至购买当日的天气。

该公司注意到，每当在季节性飓风来临之前，不仅手电筒销售量增加了，而且蛋挞的销售量也增加了。因此，当季节性飓风来临时，该公司会把库存的蛋挞放在靠近飓风防护用品的位置，以方便行色匆匆的顾客购买，从而增加销量。

思考：在这个案例中，该公司做了怎样的销售预测？它是通过什么依据来判断的？

1. 认识大数据的特征（5V）。

连一连，完成下列大数据的特征及其解释的对应。

体量大（Volume）	虽然拥有海量信息，但是真正可用的数据可能只是很小的一部分
类型多（Variety）	指存储的数据包含结构化、半结构化和非结构化数据等形式
速度快（Velocity）	数据量大，存储的数据能达到 TB、PB、EB、ZB 级别
真实性（Veracity）	通过多维度自动采集和记录，累计速度快，且具有一定流动性
价值密度低（Value）	大数据中的内容与现实世界中事物的发生和发展息息相关

2. 掌握大数据处理流程。

填一填，完成以下流程的填写。

数据采集与预处理 → ________ → ________ → 数据呈现

3. 初步体验大数据——超市商品位置摆放的优化。

通过超市的购物篮分析，可以找出商品间的关联规则。

假设，顾客 1 买了啤酒、纸尿裤、洗洁精，顾客 2 买了奶粉、啤酒、纸尿裤，顾客 3 买了啤酒、纸尿裤、汽水、苹果，从这 3 位顾客的购物情况可以看出，把________和________摆在一起销售，可以方便顾客购买，同时可以推测出顾客画像是年轻的爸爸。

从 3 笔交易中可以直观看出商品之间的关联性，但要从成千上万次的交易中找出哪些商品具有最高的关联度就需要通过一定的方法来处理分析。

下面，体验一下如何根据销售记录来分析商品之间的关联性。

第一步：分析原始数据。

某商场销售单和销售记录表存储在二维表格中，为原始数据，见表 4–4–1 和表 4–4–2。请用笔圈出表 4–4–2 中同一单号的商品。

表 4-4-1　某商场销售单

销售单号	21001		销售日期	2024-3-14		
类别编号	类别	商品名称	单价/元	规格	数量	金额/元
A01	奶粉	康康奶粉	60.00	罐	2	120.00
B06	啤酒	星星啤酒	5.00	瓶	3	15.00
A02	牛奶	青青牛奶	135.00	箱	1	135.00
C12	花生	甜甜花生	30.00	包	1	30.00
					应收	300.00

表 4-4-2　销售记录表

单号	销售日期	类别编号	类别	商品名称	单价/元	规格	数量	金额/元
21001	2024-3-14	A01	奶粉	康康奶粉	60.00	罐	2	120.00
21001	2024-3-14	B06	啤酒	星星啤酒	5.00	瓶	3	15.00
21001	2024-3-14	A02	牛奶	青青牛奶	135.00	箱	1	135.00
21001	2024-3-14	C12	花生	甜甜花生	30.00	包	1	30.00
21002	2024-3-15	B06	啤酒	远山啤酒	5.00	瓶	5	25.00
21002	2024-3-15	C12	花生	美美花生	36.00	包	2	72.00
21002	2024-3-15	D02	牙膏	晶亮牙膏	38.00	支	2	76.00
21003	2024-3-15	B06	啤酒	远山啤酒	5.00	瓶	2	10.00
21003	2024-3-15	A01	奶粉	康康奶粉	60.00	罐	2	120.00
21004	2024-3-15	A02	牛奶	青青牛奶	135.00	箱	2	270.00
…								

第二步：提取关联信息。

为了分析两种商品的关联度，先根据销售单数据来提取信息，在同一张销售单中的商品就认为是有关联的，表 4-4-1 销售单中的 4 件商品就是有关联的。

我们可以把提取的关联信息记录在商品关联记录表中，并将商品中编号小的作为商品编号 1，编号大的作为商品编号 2。为方便分析，本例中关联度统一设置为 1，故销售单号为 21001 的 4 件商品共产生 6 条关联记录，见表 4-4-3。

请你继续完成表 4–4–3 商品关联记录表，提取销售单号为 21002 和 21003 中商品的关联记录。

表 4–4–3 商品关联记录表

销售单号	商品编号 1（小）	商品编号 2（大）	关联度
21001	A01	B06	1
21001	A01	A02	1
21001	A01	C12	1
21001	A02	B06	1
21001	A02	C12	1
21001	B06	C12	1

第三步：统计关联数据。

根据表 4–4–3，利用分类汇总等方法统计出商品的关联数据，并将表 4–4–4 补充完整。

表 4–4–4 商品关联统计表

商品编号 1（小）	商品编号 2（大）	关联次数
A01	A02	1
A01	B06	
A01	C12	
A02	B06	
A02	C12	
B06	C12	
B06	D02	
C12	D02	
…		

由上表可以得出，商品编号为 ________ 的商品 ________ 和商品编号为 ________ 的商品 ________ ，以及商品编号为 ________ 的商品 ________ 和商品编号为 ________ 的商品 ________ 关联次数为 2，其余均为 1。

第四步：决策应用。

根据本次案例中商品的关联统计分析，我们得出可以把 ________ 和 ________ 、________ 和 ________ 摆放在一起销售，以方便顾客购买。

探一探

初探大数据——找出最优换乘方案。

在地图软件中设置起点为你家的地址，设置终点为学校地址，单击“搜索”按钮获得所有公交换乘方案，并尝试找出最佳方案，完成表 4-4-5 的填写。

表 4-4-5　换 乘 方 案

起点地址		终点地址	
所有公交换乘方案			
方案一			
方案二			
方案三			
方案四			
方案五			
最快的方案		最省钱的方案	
步行最少的方案		乘坐地铁的方案	

单 元 测 验

一、单项选择题

1. 适合用在电子表格或关系数据库中存储的是（　　）。

A. 结构化数据　　B. 半结构化数据

C. 非结构化数据　　D. 文件系统

2. 在工作簿选取连续的工作表时，首先单击第一个工作表，然后按住（　　）键，单击最后一个工作表。

A. Ctrl　　B. Shift　　C. Tab　　D. Alt

3. 在电子表格软件中，每个单元格都有其固定的地址，如“B6”表示（　　）。

A. 第 B 行第 6 列　　B. 第 2 行第 6 列

C. 第 6 行第 B 列　　D. 以上都不对

4. 如果要在电子表格中输入身份证号码，应将单元格格式设置为（　　）。

A. 数值　　B. 文本　　C. 日期　　D. 常规

5. 如果复制的数值超出单元格的显示范围，会显示（　　）。

A. ######　　B. #REF!　　C. #NUM　　D. #DIV

6. 已知单元格 A1 的值为 5，B1 的值为 6，C1 值由 A1+B1 得到。若要复制 C1 的公式到单元格 D1 中，应使用“选择性粘贴”中的（　　）。

A. 全部　　B. 公式　　C. 数值　　D. 格式

7. 以下运算符中，不属于关系运算符的是（　　）。

A. =　　B. <　　C. =　　D. &

8. 在电子表格软件中，一个函数由（　　）组成。

A. 函数名　　B. 函数名、参数

C. 函数名、小括号　　D. 函数名、参数、小括号

9. 某单元格显示内容为 10，单击该单元格，在编辑栏不可能出现的是

(　　)。

A. 10　　B. 4+6

C. =SUM(A3:B3)　　D. =A3+B3

10. 单元格地址 B5 采用的是(　　)。

A. 相对引用　B. 绝对引用　C. 单一引用　D. 混合引用

11. 当一个函数中包含多个参数时，参数之间用(　　)分隔。

A. 冒号　B. 分号　C. 逗号　D. 以上都不对

12. 适用于显示一个整体内各部分所占比例的图表是(　　)。

A. 柱形图　B. 折线图　C. 雷达图　D. 饼图

13. 以下关于数据透视表的描述中错误的是(　　)。

A. 汇总、浏览、呈现数据的高效工具

B. 可以根据需求快速调整结果的显示方式

C. 一次只能对一个字段进行分类汇总

D. 可以根据数据透视表创建数据透视图

14. 以下关于大数据特征的描述中错误的是(　　)。

A. 数据体量大　　B. 数据类型多

C. 数据价值密度高　　D. 数据产生的速度快

15. 通过购物车分析，发现不同商品项之间的关系，找出顾客购买行为模式，这属于数据挖掘中的(　　)。

A. 分类　B. 强测　C. 聚类　D. 关联规则

二、填空题

1. 金山公司发行的________和微软公司发行的 Excel 是两款常用的电子表格处理软件，两者均提供桌面版本和移动终端版本。

2. 不用于数值计算的数字，原则上都均应作为________类型被输入到单元格中。

3. 在电子表格软件中，求平均数的函数为________。

4. 公式“=SUM(A3:A5，F4:F7)”中，参加求和运算的单元格分别是________。

5. 将学生学籍表按“班级”升序排列，班级相同的再按“姓名”升序排列。

在进行“自定义排序”时，“排序”对话框中应将________设为主要关键字。

6. 图表是动态的，当与图表相关的工作表中的数据发生变化时，图表会________。

7. 电子表格软件的数据筛选功能包括自动筛选、自定义筛选和________。

8. 通过“数据透视表字段”窗格中“值”下拉菜单中的________可以更改数据透视表的汇总方式。

9. 数据透视表可以实现对________个字段同时进行分类汇总。

10. 1 TB = ________GB，1 PB = ________TB，1 EB = ________PB，1 ZB = ________EB。

三、判断题（正确的打“√”，错误的打“×”）

(　　) 1. 导入数据时，不需要对数据进行查验，直接导入即可。

(　　) 2. 在线数据处理平台方便企业和个人进行协同工作，提高工作和生产效率。

(　　) 3. 格式化数据可以实现单元格数据类型的转换和呈现方式的改变，增强数据的可读性和辨识度。

(　　) 4. 在电子表格软件中，所有用于计算的表达式都要以等号“=”开头。

(　　) 5. 移动或复制工作表只能在同一个工作簿内进行，不能移动或复制到其他工作簿。

(　　) 6. 在电子表格软件中对西文字符进行排序是不能区分大小写的。

(　　) 7. 绝对引用是在单元格行号和列号前各加一个“$”符号表示单元格地址。

(　　) 8. 分类汇总可以实现按类别对指定字段进行计数、求和、求平均值等汇总运算。

(　　) 9. 对数据表进行筛选操作后，相应的图表也会发生改变。

(　　) 10. 当数据透视表的数据更新时，数据透视图会自动随之更新。

(　　) 11. 大数据处理主要指从海量数据中获取需要的信息，并进行加工分析得到有用的知识。

（　　）12. 数据透视图和图表功能是一样的。

（　　）13. 网页浏览、在线支付、外卖订购等过程中产生的数据可以直接分析、使用，不需要预处理。

四、操作题

1. 学校教务处的毛老师想了解本校学生近三年的获奖情况，请设计需要统计的获奖信息，制作一份网络问卷。

2. 请将某省部分地区上半年降雨量数据“某省部分地区上半年降雨量统计表.txt”导入电子表格软件中，并进行数据加工和分析，效果如图 4–5–1 所示。

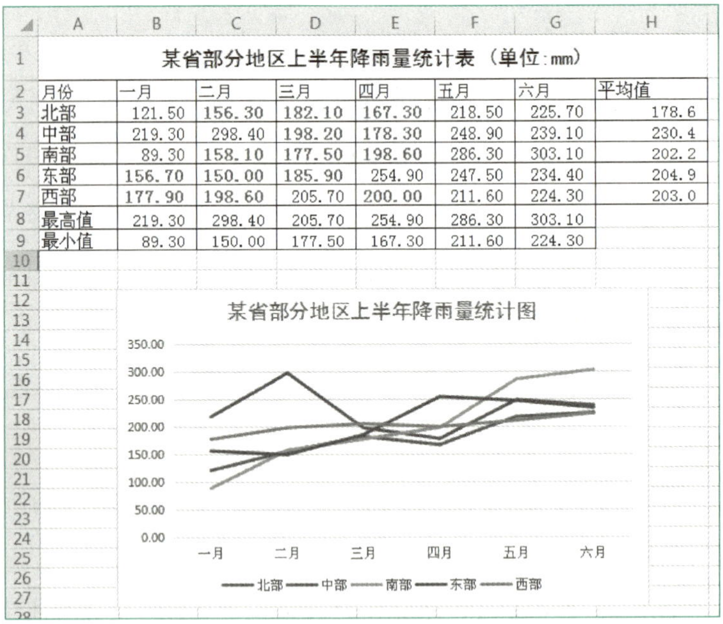

某省部分地区上半年降雨量统计表（单位:mm）

月份	一月	二月	三月	四月	五月	六月	平均值
北部	121.50	156.30	182.10	167.30	218.50	225.70	178.6
中部	219.30	298.40	198.20	178.30	248.90	239.10	230.4
南部	89.30	158.10	177.50	198.60	286.30	303.10	202.2
东部	156.70	150.00	185.90	254.90	247.50	234.40	204.9
西部	177.90	198.60	205.70	200.00	211.60	224.30	203.0
最高值	219.30	298.40	205.70	254.90	286.30	303.10	
最小值	89.30	150.00	177.50	167.30	211.60	224.30	

图 4–5–1　某省部分地区上半年降雨量统计图表

第 5 单元　程序设计入门

5.1　初识程序设计

【学习目标】

1. 了解程序设计基础知识，理解运用程序设计解决问题的逻辑思维理念。

2. 了解常见主流程序设计语言的种类和特点。

任务　认识算法和程序设计语言

练一练

一、单项选择题

1. 以下关于算法的描述，正确的是（　　）。

   A. 算法就是程序

   B. 算法就是按照一定规则解决某一问题的明确而有限的步骤

   C. 算法就是计算方法

   D. 算法就是流程图

2. 编写计算机程序解决问题的第一步为（　　）。

   A. 设计算法　　B. 编写程序　　C. 分析问题　　D. 调试运行程序

3. 描述算法除了用自然语言外，常用的还有（　　）。

A. 机器语言　B. 流程图　C. 汇编语言　D. 低级语言

4. 以下不属于计算机程序设计中高级语言的是（　　）。

A. 汇编语言　B. Fortran　C. C++　D. Python

5. 具有可视化设计界面和事件驱动编程机制的高级语言是（　　）。

A. Fortran　B. Visual Basic

C. C　D. Python

6. Python 程序设计语言的应用一般不包括（　　）。

A. 人工智能的开发　B. 底层开发

C. Web 应用开发　D. 游戏开发

二、填空题

1. 程序设计就是把________转换为计算机程序的过程。

2. 算法就是解决问题的________和________。

3. 算法的特征有________、________、________、________和________。

4. 在设计算法时，通常可以用________或________来描述算法。

5. 程序设计的一般步骤依次为________、________、________、________。

6. 在横线处填写流程图各类框的名称

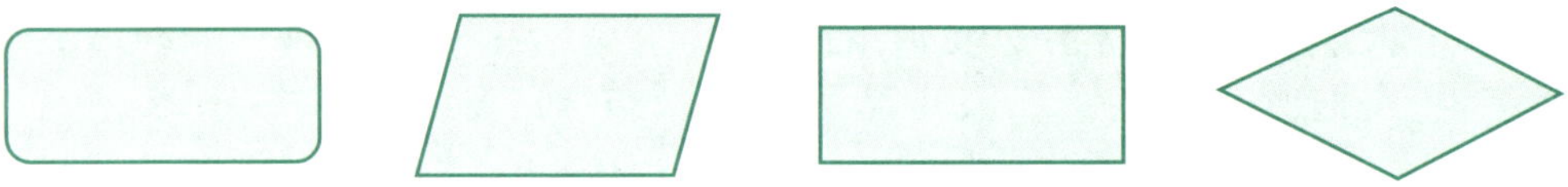

________　________　________　________

7. 计算机程序是计算机能够识别和执行的________或________的序列。

8. 程序设计语言是编写________的语言。

9. 程序设计语言按照发展历程依次为________、________、________。

10. 顺序结构是按照________执行程序，是最简单的程序结构。

11. 选择结构也称________，是根据给定的________选择执行的程序语句。

12. 循环结构是根据给定的条件________执行________的程序语句。

三、判断题（正确的打“√”，错误的打“×”）

（　　）1. 利用计算机解决“智能停车场车位引导”问题需要分析问题→设计算法→编写程序→调试运行程序等步骤。

（　　）2. 使用自然语言描述算法不但通俗易懂，而且能够便捷地翻译成计算机程序设计语言。

（　　）3. 在绘制流程图来描述算法时，只需把程序的算法描述清楚，至于流程图符号没有特定的要求。

（　　）4. 流程图的优点是直观、清晰、简洁、易懂。

（　　）5. 程序解决问题的第一步通常是彻底理解并明确定义问题。

（　　）6. 在程序的开发过程中，测试和调试是为了确保程序按预期工作并修复可能存在的错误。

（　　）7. 选择结构在程序设计中是不必要的，因为所有的程序逻辑都可以通过顺序结构和循环结构来实现。

（　　）8. 在程序设计中，所有基本结构都无法组合使用，必须单独使用。

做一做

三国时期，曹操收到孙权送给他的一头大象，他很高兴，带着儿子和官员们一同去看。

大象又高又大，身子像一堵墙，腿像四根柱子。官员们一边看一边议论：“这么大的象，到底有多重呢？”

曹操问：“谁有办法把这头大象称一称？”有的说：“得造一杆大秤，砍一棵大树做秤杆。”有的说：“有了大秤也不行啊，谁有那么大的力气提得起这杆大秤呢？”也有的说：“办法倒有一个，就是把大象宰了，割成一块一块再称。”人们你一言我一语，但没有一个切实可行的办法。

曹操的儿子曹冲才七岁，他站出来，说：“我有个办法。把大象赶到一艘大船上，看船身下沉多少，就沿着水面，在船舷上画一条线。再把大象赶上岸，往船上装石头，装到船下沉到画线的地方为止，然后称一称船上的石头，石头有多重，大象就有多重。”

曹操微笑着点一点头。他叫人照曹冲说的办法去做，果然称出了大象的重量。

1. 分析问题。

（1）在“曹冲称象”故事中，曹冲需要解决的主要问题是____。

（2）曹冲在解决问题时面临的主要困难是（　　）。

A. 没有合适的测量工具

B. 没有足够的时间

C. 大象太重无法搬动

D. 需要使用复杂的计算方法

（3）曹冲最终通过（　　）解决了测量大象的重量的问题。

A. 重力原理　　　　B. 杠杆原理

C. 浮力原理　　　　D. 动量守恒原理

2. 在曹冲称象故事中，如果将曹冲的解决方案过程视作“设计算法”的阶段，那么可以使用以下自然语言进行描述（请把文中画线的句子按照顺序填入以下横线）。

第 1 步：把大象赶到船上

第 2 步：____________________

第 3 步：____________________

第 4 步：____________________

第 5 步：____________________

第 6 步：____________________

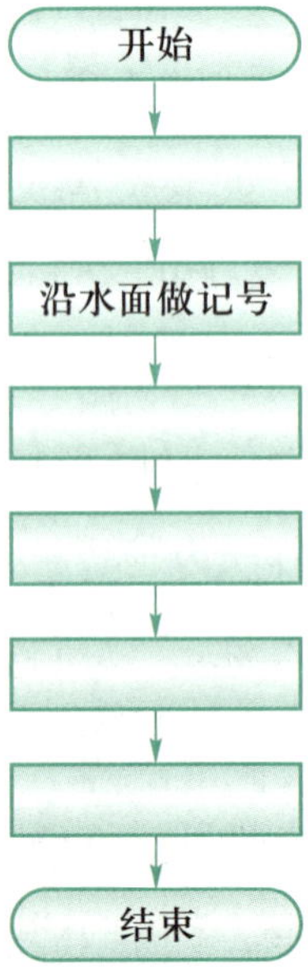

图 5-1-1　曹冲称象

3. 绘制流程图进行描述，请补全图 5-1-1。该流程图的结构为________（顺序结构、选择结构、循环结构）。

4. 阅读下面文字，再次思考曹冲称象的故事并完成习题。

我们可以发现，在之前的算法中第 4 步往船上放石头时，需要判断放上去的石头是否与水面做的记号齐平，这一过程被称为判断，在流程图中使用菱形进行表示。同样在称量石头时，需要判断所有的石头是否称量完毕，计算出船上所有石头的总重量，即等于大象的重量。

根据题意重新对下面所提供的自然语言进行排序＿＿＿＿＿＿＿＿＿＿＿＿＿＿＿＿

① 把大象赶上船；

② 观察船上记号是否与水面齐平；

③ 沿水面做记号；

④ 放石头到船上；

⑤ 赶大象下船；

⑥ 船上的石头是否全部称量完毕；

⑦ 称石头；

⑧ 计算石头总重量。

根据排列好的序号顺序，选择适当的序号填入图 5-1-2 相对应的位置。在流程图中用虚线框所标注的属于＿＿＿＿＿结构，在此结构中，还包含＿＿＿＿＿结构。

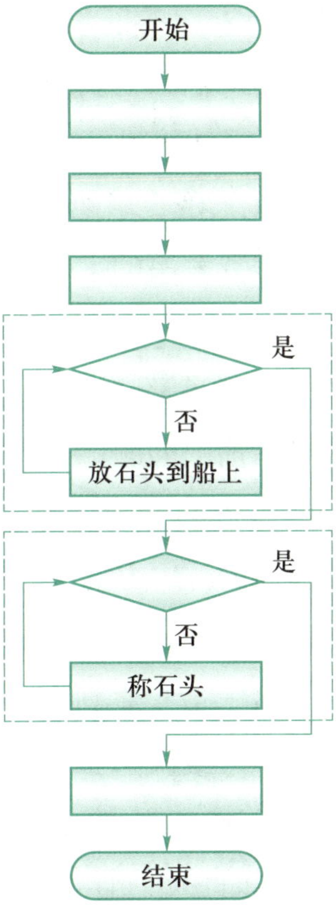

图 5-1-2　曹冲称象流程图

探一探

《三国演义》中，在赤壁之战前夕，周瑜妒忌诸葛亮的才干，故意令诸葛亮在十天内造出十万支箭，但诸葛亮表示只要三天。诸葛亮心中已有妙计，首先命令鲁肃准备二十条草船，每条船两侧布满草把子。前两天，诸葛亮静观其变，未有动作，他在等待一个大雾弥漫江面的时机。第三天早晨，浓雾覆盖江面时，诸葛亮命令船队出发，驶向曹军水寨。船队靠近后，诸葛亮下令军士击鼓呐喊，制造进攻假象。曹操见大雾笼罩，担心中伏，命令弓弩手朝草船射箭。草船的一侧很快插满了箭，诸葛亮立即命令将船掉头，用另一侧继续受箭。当草船两侧的草把子都插满了箭时，诸葛亮便下令返航。回到营地后，诸葛亮带回了远远超过十万支的箭矢，完美地完成了任务，令周瑜大为震惊。

1. 分析问题。

（1）在“草船借箭”故事中，诸葛亮需要解决的主要问题是________________。

（2）诸葛亮通过________策略解决了借箭的问题。

2. 在草船借箭故事中，如果将草船借箭的解决方案视作“设计算法”的阶段，那么可以按以下步骤进行描述。

（1）请根据画线的句子，选择适当的序号填入图 5-1-3 相应的位置。

① 准备草船；② 命船队出发曹营；③ 假装进攻；④ 箭是否插满草把子；⑤ 回营交箭。

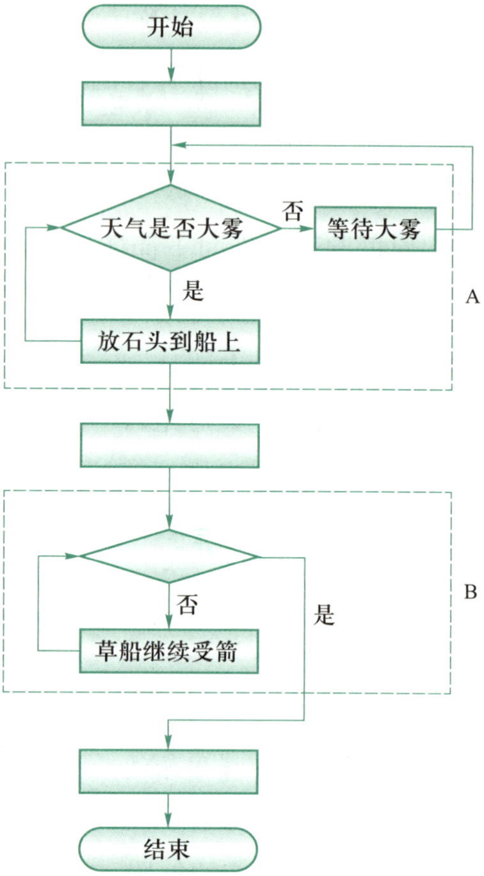

图 5-1-3　草船借箭流程图

（2）在流程图中，A 框表示________结构，B 框表示________结构。

（3）使用“如果……就……否则……”来表述 A 框中的结构：________

____

（4）使用“一直……，直到某个条件满足时，才停止”的语句格式来表述 B 框中的结构。

____

3. 寻找生活中用双分支选择结构做决策的事例，用“如果……就……，否则……”的语句格式表达出来。

____

____

____

5.2 设计简单程序

【学习目标】

1. 了解一门程序设计语言的基础知识。
2. 会使用相应的程序设计工具编辑、运行及调试简单的程序。

任务 1 了解程序设计基础知识

练一练

一、单项选择题

1. 在 Python 中，不能作为变量名的是（　　）。

   A. 以字母开头的组合　　B. 以下划线开头的组合

   C. 包含数字的组合　　D. 以数字开头的组合

2. 以下 Python 中的变量赋值方式，不正确的是（　　）。

   A. a=1　　B. a=b=c=1

   C. a==1　　D. a，b，c=1，2，3

3. 以下选项中，符合 Python 常量命名规范的是（　　）。

   A. rate　　B. Rate　　C. rAte　　D. RATE

4. Python 中的算术运算符“**”的含义是（　　）。

   A. 2 次方　　B. 幂

   C. 乘以 2　　D. 不存在该符号

5. 以下选项中，不是 Python 数据类型的是（　　）。

   A. 数组　　B. 字典　　C. 列表　　D. 字符串

6. 列表中的所有元素放在一对（　　）中，并以（　　）分隔。

   A. [ ]　；　　B. ( )　；　　C. [ ]　，　　D. ( )　，

7. 以下选项中，不是数字类型的是（　　）。

A. 50　　B. 2.15e2　　C. 7+8j　　D. "811"

8. 逻辑运算符优先级由高到低分别为（　　）。

A. and、or、not　　B. not、and、or

C. not、or、and　　D. or、and、not

二、填空题

1. 在 Python 中，每个变量在使用前必须________，________用来给变量赋值，其赋值方式包括________、________、________。

2. 运算符包括________、________、________、位运算符、成员运算符和身份运算符。

3. 表达式是由________、________和________通过运算符连接起来的有意义的式子。

4. Python 有 6 种标准数据类型：数字、字符串、元组、________、________和________。

5. 使用转义符________可以输出回车符，“\\”可以输出________。

6. Python 中整数类型的数据类型符为________，Python 中布尔类型有两个值，分别为________和________。

7. Python 代码中推荐的缩进方式是使用________个空格。

三、判断题

（　　）1. 在 Python 中，变量名可以以特殊字符开始，如 @。

（　　）2. Python 的变量名区分大小写。

（　　）3. 一个整数和一个浮点数相加的结果是浮点数。

（　　）4. Python 中的变量可以直接被拿来使用，不用进行赋值。

（　　）5. Python 程序中多行注释使用三对单引号或一对双引号。

（　　）6. Python 程序中 input 函数的功能是输出数据。

（　　）7. 在 Python 中，and 和 or 是算术运算符。

（　　）8. 在 Python 中，“/”运算符总是返回一个整数。

（　　）9. 在 Python 中，注释可以用于解释代码或临时禁用代码片段。

（　　）10. 在 Python 中，多行注释可以使用两个连续的井号“##”。

（　　）11. Python 代码中，缩进不是必需的，但推荐为了提高可读性而使用。

（　　）12. 如果要将一条语句分为若干行，必须在一行的结尾使用多行连接符“\”。

（　　）13. Python 程序中符号“[]”“{}”“( )”分别表示列表、字典、元组。

做一做

《孟子·梁惠王上》中，有一则“五十步笑百步”的故事，它源自梁惠王与孟子的一段对话。

梁惠王问孟子:“我对国家真是尽心尽力了，如果河内遇到饥荒，我便把那儿的居民迁到河东去，又把河东的粮食调到河内;河东出现灾情，我也同样做。看看邻国的政事，没有我这样用心的。可邻国百姓没有减少，我国的百姓也没有增多，这是为什么呢？”

孟子说:“大王喜欢战争，请允许我举个战争的例子。一次两国交战，双方兵器刚一接触，就有士兵抛下盔甲、拖着兵器向后逃跑。有的士卒跑得快，一口气跑了一百步远;有的士卒跑了五十步就停住了。这时候那些只跑了五十步的士卒却去嘲笑跑了一百步的人，您觉得合适吗？”

梁惠王说:“不行，只不过没有跑一百步罢了，可这也是逃跑呀。”

“五十步笑百步”本义是作战时后退了五十步的人嘲笑后退了百步的人，后用来比喻自己跟别人有同样的缺点或错误，只是程度上轻一些，可是却要讥笑别人。

知识链接

turtle 翻译为海龟。Python 中，turtle 是一个用于绘图的标准库（Python 自带）。绘制原理是有一只海龟在窗口的正中心，由程序控制，可以在画布上游走，走过的轨迹形成了绘制的图形，并且图形可改变颜色、宽度等。小海龟的爬行方向如图 5-2-1 所示。

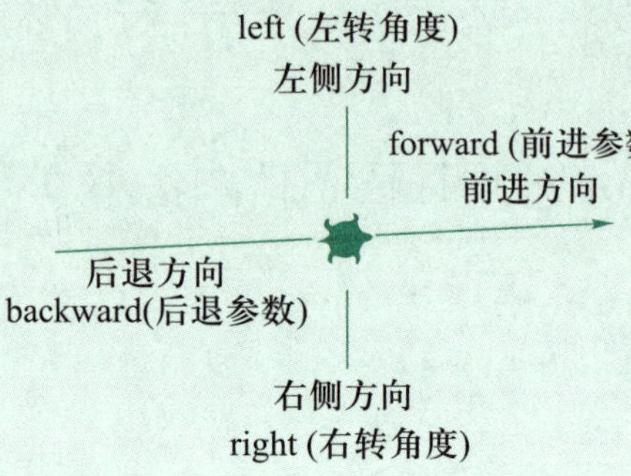

图 5-2-1　小海龟爬行方向

简单理解，turtle 就是那支画笔，这些基本动作方法就用于控制画笔的绘画方式。语法格式：turtle. 方法名 (参数)。

运用 turtle 库来展现五十步笑百步的场景。

1. 使用自然语言描述：使用 turtle 库绘制“五十步笑百步”的场景。首先，我们需要绘制两条线，一条代表逃了________步的士兵，另一条代表逃了________步的士兵。

2. 根据自然语言描述，绘制“五十步笑百步”的程序设计流程图。

3. 打开 Python 自带编程工具 IDLE，通过____________菜单中的________命令新建一个 Python 文件，命名为 100steps.py，模拟战场上士兵行进的路线。

4. 根据注释内容补全以下代码。

```
import turtle                       # 导入 turtle 库
screen = turtle.Screen()            # 创建并设置画布
screen.title(" 孟子的故事 - ‘五十步笑百步’ ")
# 设置画布标题
t=turtle                            # 创建 turtle 对象
t.speed(1)                          # 减慢绘制速度
# 绘制代表逃了一百步的士兵的线
t.penup()                           # 起笔
t.goto(0,50)                        # 设置起始位置
t.pendown()                         # 落笔
t.write(" 逃了一百步的士兵 ",align="center",font="32")
________________                    # 向后移动 100 步
# 绘制代表逃了五十步的士兵的线
t.penup()
t.goto(0,-50)                       # 改变起始位置
t.pendown()
t.write(" 逃了五十步的士兵 ",align="center",font="32")
________________                    # 向后移动 50 步
t.penup()
# 添加故事寓意
t.goto(0,-100)                      # 改变位置以添加故事寓意
t.write(" 逃跑的距离不同，但逃跑本身就是失败 ",align=
"center", font="32")
# 隐藏 turtle 并保持画布打开
t.hideturtle()                      # 隐藏箭头
screen.mainloop()                   # 保持画布打开
```

探一探

1. 军队在撤退时面临前后夹击，需要向两侧进行突围。将领决定向兵力少的一侧突围，已知左侧兵力 leftNum = 30000，右侧兵力 rightNum = 50000。

（1）绘制程序流程图。

（2）完善下列代码。

```
import turtle                  # 导入 turtle 库
leftNum=30000                  # 左侧兵力变量赋值 30000
________________               # 右侧兵力变量赋值 50000
t=______________               # 创建 turtle 对象
t.backward(100)                # 军队后退 100
if(______________):            # 如果左侧敌军比右侧多
    t.right(________)          # 军队向右突围，旋转 90°
    t.forward(100)             # 突围后，前进 100
__________:                    # 否则
    ______________             # 军队向左突围，旋转 90°
    t.forward(100)             # 突围后，前进 100
t.exitonclick()                # 单击画布后，退出画布
```

2. 运行以上代码，画出结果图形。

任务2 设计程序

练一练

一、单项选择题

1. 以下 Python 语句中，用于基于条件执行不同代码块的是（　　）。

A. for　　B. while　　C. if...else　　D. switch

2. 在 Python 中，for 循环通常用于（　　）。

A. 无限循环　　B. 遍历集合

C. 仅执行一次的条件　　D. 重复执行直到条件为假

3. 以下 Python 语句中，可以重复执行特定代码块，直到条件不再满足的是（　　）。

A. for　　B. while　　C. repeat　　D. Loop

4. 在 Python 中，关键字（　　）用于在循环中终止迭代。

A. stop　　B. exit　　C. break　　D. end

5. IDLE 是 Python 的（　　）。

A. 编程语言　　B. 操作系统

C. 集成开发环境　　D. 数据库系统

6. Python 代码的标准文件扩展名是（　　）。

A. .py　　B. .python　　C. .pyt　　D. .pt

二、填空题

1. 当 if 条件不满足时，可以使用________语句来执行另一套代码。

2. Python 选择语句有 3 种，分别为________、________和________。

3. 书写 while 语句的基本语法：

____

____

4. 书写 for 语句的基本语法：

____

____

5. for 循环语句常与内置函数 range 配套使用，range 函数由三个部分组成，分别是________、________和________。

6. 使用 IDLE 中的________功能可以帮助查找和修复代码中的错误，使用________菜单可以保存 Python 程序。

7. 调试和运行 Python 程序通常有两种方式：一种是使用________运行编程环境，另一种是使用________，两种方式均需要搭建 Python 环境。

8. 输出“Python”的 Python 代码为________________________________。

三、判断题（正确的打“√”，错误的打“×”）

（　　）1. 在 IDLE 的交互式模式中，不能查看输出结果。

（　　）2. Python 可以在 Linux、MacOS 以及 Windows 上安装和运行。

（　　）3. 在 Python 中，if 语句后的代码块必须缩进。

（　　）4. Python 允许将多个条件语句连写，如“if x > 10 and x < 20：”。

（　　）5. 如果 if 语句的条件为假，则相应的代码块总是不执行。

（　　）6. Python 中的“elif”语句是“else if”的缩写，用于在同一条件结构中测试多个条件。

（　　）7. Python 的 if...else 语句可以嵌套使用。

（　　）8. while 语句只能写一个布尔类型的条件表达式，只要循环条件满足，循环体就会一直执行。

（　　）9. if-else 语句是表达式，具有返回值。

做一做

李白在《夜宿山寺》中描写道：“危楼高百尺，手可摘星辰。不敢高声语，恐惊天上人。”山上寺院真高，好像有一百尺的样子，人在楼上好像一伸手就可以摘下天上的星星，接下来我们来画出这颗星星。

知识链接

画笔的颜色默认是黑色，可以使用“turtle.color("颜色名称", "颜色名称")”语句改变颜色，如“turtle.color("red", "yellow")”把画笔颜色改成了红色，填充色改成了黄色。

1. 让我们用手中的“画笔”重现那灿烂的星空，已知五角星每个角的度数都是 36°，对应补角为 144°，如图 5-2-2 所示。

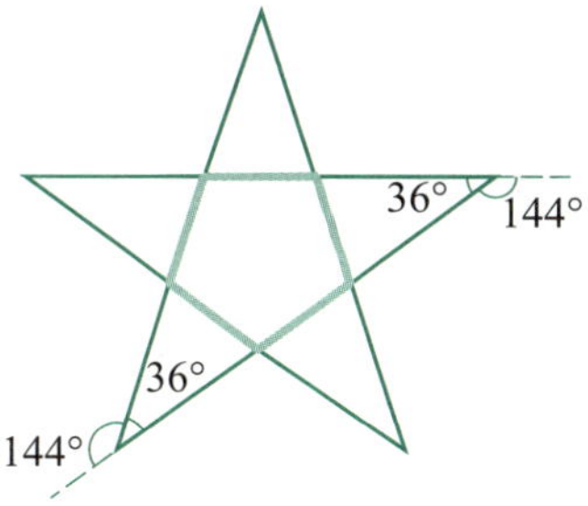

图 5-2-2　五角星

下面是五角星的代码：

```
import turtle             # 导入 turtle 库
turtle.forward(200)       # 前进 200 像素，即五角星的边长
turtle.right(144)         # 向右旋转 144°，形成五角星的角
turtle.forward(200)
turtle.right(144)
turtle.forward(200)
turtle.right(144)
turtle.forward(200)
turtle.right(144)
turtle.forward(200)
turtle.right(144)
turtle.done()
```

代码优化：

将相同的常量参数用变量替代，便于随时修改。

如边长为 200，角度为 144

```
long=200;angle=144      # 五角星边长为 200 像素，角度为 144°
turtle.forward(long)    # 前进 long 的长度
turtle.right(angle)     # 向右旋转 angle 角度
```

将相同的代码块的功能，通过 for 循环来实现需要重复的次数。

如 turtle.forward（long）和 turtle.right（angle）一同出现了 5 次，使用 for 循环可以改写为：

```
for i in range (____)   # 使用 for 循环 5 次，画 5 条边
    turtle.forward(long)
    turtle.right(angle)
```

2. 完成下列红色五角星的代码。

```
long=200
angle=144
_______________         # 画笔颜色和填充颜色都设为红色
turtle.begin_fill()     # 开始填充
_________________       # 使用 for 循环 5 次，画 5 条边
_________________       # 向前走 200 像素
_________________       # 右转 144°
turtle.end_fill()       # 结束填充
turtle.done()           # 暂停程序，停止画笔绘制，但绘图窗体不关闭
```

探一探

“危楼高百尺，手可摘星辰”，星辰不可能只有一颗星星，接下来我们一起来画 50 颗星星来点缀星空。

知识链接

turtle.speed（0）：控制绘图速度，参数为 0~10，数字越大，绘图速度越快。1 最慢，10 最快，默认是 6，而 0 表示没有动画效果。

turtle.write( )：可以在画板上写字，参数为要写的内容。还能设置字的字体、大小等，如“turtle.write（"危楼高百尺，手可摘星辰"，font=("SimHei"，12，"bold"))”。font 参数是个元组，其中第一个参数代表字体，第二个参数代表字号，最后一个代表加粗。

turtle.penup( )：提笔。

turtle.goto（x，y）：把笔提起后才能使用 goto( ) 方法，把光标定位到坐标轴（x，y）进行作画。

turtle.pendown( )：落笔。

random 模块生成随机数，如 randint（0，100）随机产生 0 到 100 的正整数。

1. 根据注释，完成以下繁星代码。

```
______________                # 导入 turtle 库
from random import randint    # 导入随机函数库
for i in range(________):     # 画 50 颗星星
    turtle.speed(0)           # 控制绘图速度，设置为没有动画效果
    turtle.penup()            # 拿起画笔
    x = randint(-150, 150)    # x坐标的取值范围为（-150，150）
    ____________________      # y坐标的取值范围为（-100，100）
```

```
    turtle.goto(x,y)             # 把画笔定位到坐标（x，y）
    turtle.pendown()             # 落下画笔
    # 画一颗星星的代码
    turtle.color("red")          # 设置画笔颜色为“红色”
    turtle.hideturtle()          # 隐藏画笔
    turtle.begin_fill()          # 开始填充星星的颜色
    ____________________         # 使用 for 循环 5 次，画 5 条边
    ____________________         # 向前走 10 步（像素）
    ____________________         # 右转 144°
    turtle.end_fill()            # 结束填充星星的颜色
turtle.penup()                   # 拿起画笔
turtle.goto(0,-130)              # 把画笔定位到坐标（0，-130）
turtle.pendown()                 # 落下画笔
# 写下诗句“危楼高百尺，手可摘星辰”，字体为黑体、12 号、加粗
turtle.write("危楼高百尺，手可摘星辰", font=("SimHei",
12, "bold"))
turtle.done()                    # 暂停程序，停止画笔绘制，但
                                 绘图窗体不关闭
```

2. 因为画的星星比较多，请尝试把画五角星的代码封装成一个函数。

知识链接

函数就像快餐店中的套餐。可以把一个函数看作是一份套餐，函数内部执行的一系列操作就是套餐内容，点餐时只需说套餐的名称就可以获得所有餐品。在 Python 中，定义函数就像设计套餐，取名并在里面设定一系列操作，通过函数名就能调用函数。

5.3 运用典型算法

【学习目标】

了解算法，会使用功能库扩展程序功能。

任务 运用算法

练一练

一、单项选择题

1. 在 Python 中关键字（　　）用于定义一个新的函数。

   A. new　　B. def　　C. create　　D. func

2. 在 Python 中（　　）函数用于读取用户的输入。

   A. input( )　　B. print( )　　C. int( )　　D. float( )

3. 在 Python 中（　　）语句可以将字符串转换为整数。

   A. int("123")　　B. str(123)　　C. "123".toInt( )　　D. float("123")

4. 以下 Python 语句中，可以实现输出 1～10 的是（　　）。

   A. while i <= 10: print(i)

   B. while i <= 10: i ++

   C. i = 1;

   while i <= 10: print(i)

   D. i = 1;

   while i <= 10: print(i); i += 2

5. 在 Python 中，range(5) 生成的序列是（　　）。

   A. 0，1，2，3，4，5　　B. 1，2，3，4，5

   C. 0，1，2，3，4　　D. 1，2，3，4

6. 以下语句中，可以生成 0～10 的随机整数的是（　　）。

A. random.randint(0, 10)　　B. random.int(0, 10)

C. random.range(0, 10)　　D. random.number(0, 10)

7. 以下语句中，可以实现对列表进行降序排序的是（　　）。

A. list.sort（reverse = False）　　B. list.sort（reverse = True）

C. list.sort()　　D. list.sort（descending = True）

8. 以下有关 sorted() 函数的描述中，正确的是（　　）

A. sorted() 会改变原来的列表

B. sorted() 只能用于排序数字

C. sorted() 返回一个新的排序列表，原列表不变

D. sorted() 不能用于字符串列表

9. 以下关于 print() 函数的解释，错误的是（　　）。

A. print("Hello, World!")，输出字符串

B. print(1, 2, 3)，同时输出多个值

C. print("Value =", value)，输出变量的值

D. print("Sum =", a + b)，不能在 print() 中进行运算，会报错

10. 以下代码中，可以计算 1 ～ 5 的累加和的是（　　）。

A. sum = 0; for i in range(1, 6): sum += i

B. sum = 0; for i in range(1, 5): sum += i

C. sum = 1; for i in range(1, 6): sum *= i

D. sum = 1; for i in range(1, 5): sum *= i

11. 以下函数中，可以找到列表 [3, 1, 4, 1, 5] 中最大值的是（　　）。

A. sum()　　B. min()　　C. max()　　D. abs()

12. 已知列表 numbers = [10, 20, 5, 40, 15]，以下代码输出的结果是（　　）。

```
min_value = min(numbers)
print(min_value)
```

A. 40　　B. 5　　C. 10　　D. 15

13. 已知列表 my_list = [1, 2, 3]，以下代码执行后 my_list 的值是（　　）。

```
my_list.append(4)
```

A. [1, 2, 3]　　B. [1, 2, 3, 4]　　C. [4, 1, 2, 3]　　D. [1, 2, 3, [4]

二、填空题

1. Python 导入模块的基本格式为________。

2. 函数是指________的一段程序，用于实现________，可以反复执行，具有函数名、参数和________。

3. 函数是指一段封装在一起的可实现某一特定功能的程序块，具有________、________和________。

4. Python 中创建列表可以使用________，元素之间用________分隔。

5. Python 中对列表可以进行的操作有追加元素、________、________、________等。

6. Python 中删除列表元素可以使用的方法有________或________。

7. 选择排序的基本思路：每次从________的数据中选出________元素，顺序放在之前已经排好序的数据________，直到全部数据排序完毕。

8. 已知列表 list1 =［1，2，3］，表达式 list1［1］的值是________。

9. 在 Python 中，________（5，10）可以生成 5~9 的整数序列。

10. 在 Python 中，列表的长度可以通过________（list）函数来获取。

11. 为了计算 1~10 的总和，可以使用________（range(1，11)）。

12. 在 Python 中，________函数用于找到序列中的最大值。

13. 在 Python 中，list.________（元素）用于向列表末尾添加一个元素。

三、判断题

(　　) 1. 在 Python 中，input() 函数总是返回一个字符串类型的值。

(　　) 2. int（"123"）用于将字符串 "123" 转换为整数 123。

(　　) 3. Python 中的列表不能存储不同类型的元素。

(　　) 4. 在 Python 中，min() 函数只能用于数字类型的序列。

(　　) 5. 可以通过 sum（range(1, 11)）计算 1~10 的累加和。

(　　) 6. 在 Python 中，可以使用 max() 函数求出一个数字列表的最大值。

(　　) 7. 在 Python 中，列表和字符串都支持切片操作。

(　　) 8. 列表可以存储不同类型的元素，如整数、字符串和浮点数。

(　　) 9. my_list.insert(0, x) 表示在列表末尾添加元素 x。

(　　) 10. 列表支持嵌套，即列表的元素可以是另一个列表。

(　　) 11. 列表的长度可以通过 len() 函数来获取。

做一做

《愚公移山》是战国时期思想家列子创作的一篇寓言故事。故事讲述了一个叫愚公的老人，家门口有太行、王屋两座大山阻隔了他们与外界的联系，给生活带来了极大的不便。愚公决定采取行动改变这种状况。他召集了家人一起开始挖掘山体，计划将土石搬运到渤海之滨。

1. 为了还原“愚公移山”的场景，用 turtle 库进行了模拟，如图 5-3-1 所示。根据注释，补全下列代码。

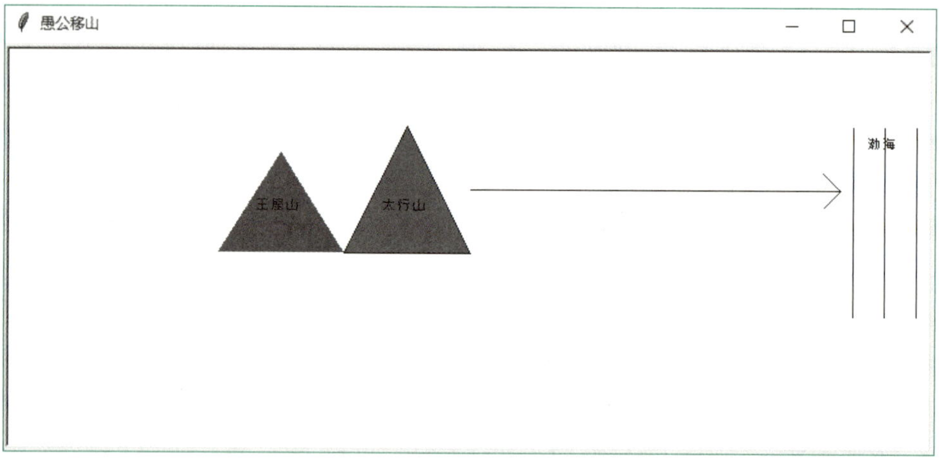

图 5-3-1　turtle 绘制“愚公移山”

```
____________ turtle                  # 导入 turtle 库
# 创建画布和 turtle 对象
screen=turtle.Screen()
screen.________("愚公移山")           # 窗体标题（title）标为“愚公移山”
t=turtle.Turtle()
t.speed(________)                    # 设置绘图速度为最快
```

```
# 绘制太行山
________________                          # 设置太行山颜色为绿色
________________                          # 开始填充颜色
t.goto(-100,0)
t.goto(-50,100)                           # 太行山的山顶
t.goto(0,0)
t.goto(-100,0)
t.end_fill()
# 标注太行山
t.penup()
t.goto(-50,30)
________________                          # 居中标注太行山
t.goto(-50,0)
# 绘制王屋山
________________                          # 设置太行山颜色为棕色
t.begin_fill()
t.goto(-200,0)
t.goto(-150,80)                           # 王屋山的山顶
t.goto(-100,0)
t.goto(-200,0)
t.end_fill()
# 标注王屋山
t.penup()
t.goto(-150,30)
t.write(" 王屋山 ",align="center")
t.goto(-150,0)
t.right(90)
# 绘制代表渤海的三条垂直线
for i in [0,25,50]:                       # 从列表中将 0、25、50
                                            依次赋值给 i
```

```
    t.penup()
    t.goto(300+________,100)      # 每条垂直线的 x 轴偏移
                                  量为 i
    t.pendown()
    t.forward(150)
# 标注渤海
t.penup()
t.goto(325,80)
t.write(" 渤海 ",align="center")
# 绘制愚公搬运土石路径
__________________                # 向左偏移 90°
t.penup()
t.goto(0,50)
t.pendown()
t.forward(290)
# 绘制末端的向右箭头
t.left(135)
t.forward(20)
t.backward(20)
__________________                # 向右偏移 90° 完成箭头
                                  绘制
t.forward(20)
# 完成绘图
t.hideturtle()
screen.mainloop()
```

2. 编写一个程序来判断愚公每天是否完成任务。假设每日任务量为 500 千克，如果完成了，输出“今天完成了搬运任务，明天继续努力！”，否则输出“今天的搬运量不足，今天还需努力。”

（1）定义一个变量名为________来表示愚公每天搬运的土石质量，并且取值为整数。

（2）绘制程序流程图。

（3）补全下列代码。

```
# 通过输入赋值
________ = int(input(" 请输入愚公今天搬运的土石质量（单位：千克）："))
# 这里用一个简单的 if-else 结构来判断
if ________ >= 500:          # 判断今天是否完成搬运任务
    print(" 今天完成了搬运任务，明天继续努力！ ")
else:
    print(" 今天的搬运量不足，今天还需努力。")
```

探一探

如果想要记录愚公每周搬运的土石总质量，可以使用循环结构。

1. 补全下列代码（代码功能：模拟愚公连续多天的搬运量，每天的搬运量在 300~700 千克随机生成）。

```
import random                          # 导入随机函数库
days = ________                        # 模拟 7 天的情况
for day in range(________):            # 每天的情况
    stone_moved = random.randint(________, ________)
                                       # 随机生成当天的搬运量
```

2. 假设愚公一周内（七天）每天移除的土石质量（单位：千克）为 500、380、700、350、600、450、400。编写程序，实现① 计算这一周内愚公总共移除的土石的质量；② 找出这一周中愚公单日移除土石最多的一天和最少的一天，分别给出这两天移除土石的质量。③ 将这一周内每天移除的土石按从少到多的顺序排列，并输出最后的排序结果。

```
stone_weights = __________                # 已知每天移除的土石质量
total_weight = __________                 # 计算 7 天的总质量
heaviest_day_weight = __________          # 找出最重一天的质量
lightest_day_weight = __________          # 找出最轻一天的质量
sorted_stone_weights = sorted(stone_weights)
                                          # 排序
print("7 天总共移除的土石质量：", ________, " 千克 ")
print(" 单日最重的土石质量：", ________, " 千克 ")
print(" 单日最轻的土石质量：", ________, " 千克 ")
print(" 土石数量按从少到多排序的结果：", ________)
```

3. 假设愚公每天都搬运固定数量的石头，目标是将两座山移平。编写一个程序来跟踪愚公每天的搬运进度，并计算他需要多少天才能完成移山的任务。（①假设两座山的总质量是 1 000 000 千克，设定 total_stone = 1 000 000，即愚公需要搬运的总质量。②假设愚公每天搬运固定的质量，如 500 千克。定义 daily_move = 500）

提示：使用循环结构模拟每天的搬运过程，直到搬运总量达到或超过山的总质量。每次搬运后，从总质量中减去每天搬运的石头量，同时增加搬运的天数。

```
__________ = 1 000 000                    # 假设两座山的总质量
daily_move = __________                   # 假设每天搬运 500 千克
days = 0                                  # 搬运天数初始化为 0
# 使用循环不断模拟愚公搬运石头的过程
while total_stone > 0:
    total_stone -= daily_move             # 减少总质量
    days += 1                             # 增加搬运天数
    print(f" 第 {____} 天，愚公搬运了 500 千克石头，剩余
    {________} 公斤石头。")                # 输出总共需要多少天
________(f" 愚公共用 {days} 天完成了移山任务。")
```

单元测验

一、单项选择题

1. 流程图中的平行四边形、菱形、矩形分别代表（　　）。

A. 判断框、处理框、输入/输出框

B. 处理框、判断框、输入/输出框

C. 输入/输出框、判断框、处理框

D. 处理框、输入/输出框、判断框

2. 以下选项中，对 Python 中的常量描述正确的是（　　）。

A. Python 提供了专门的语法来定义常量

B. 常量的值在程序运行期间不应被修改，这是通过编程规范实现的

C. Python 中的常量和变量没有任何区别，都是可以修改的

D. 常量的值可以在程序运行期间随意改变

3. 以下 Python 语句中，可以同时为多个变量赋相同值的是（　　）。

A. a=b=c=5　　B. a，b，c=5

C. a=5；b=5；c=5　　D. a，b，c=5，6，7

4. 以下选项中，不属于 Python 基本数据类型的是（　　）。

A. 字符串（str）　　B. 整型（int）

C. 浮点型（float）　　D. 颜色型（color）

5. 在 Python 中，用于比较两个值是否相等的运算符是（　　）。

A. =　　B. ==

C. ! =　　D. ===

6. 以下关于 Python 中变量命名的说法，正确的是（　　）。

A. 变量名可以以数字开头

B. 变量名可以包含空格

C. 变量名可以使用特殊字符，如 @

D. 变量名应该具有描述性，并且遵循小写字母和下划线的组合

7. Python 中如果要创建一个空列表应使用（　　）。

A. ( )　　B. [ ]　　C. {}　　D. <>

8. Python 中的算术运算符“%”的含义是（　　）。

A. 求百分比　　B. 取整　　C. 取余　　D. 幂运算

9. 在 Python 中，用于表示真或假的数据类型是（　　）。

A. str　　B. int　　C. bool　　D. float

10. 世界上第一个正式被推广使用的计算机高级语言是（　　）。

A. Basic　　B. C　　C. Fortran　　D. Python

11. 在下列程序设计语言中，常被应用于人工智能的是（　　）。

A. Visual Basic　　B. C

C. Java　　D. Python

12. Python 文件的后缀是（　　）。

A. *.wps　　B. *.xlsx　　C. *.pptx　　D. *.py

13. 下列选项中，能作为 Python 程序变量名的是（　　）。

A. B%1　　B. 5stu　　C. while　　D. tree

14. 在 Python 中表达式“4**3”的结果是（　　）。

A. 12　　B. 1　　C. 64　　D. 7

15. 已知字符串“a = "python"”，则 a [1] 的值为（　　）。

A. “p”　　B. “py”　　C. “Py”　　D. “y”

16. 在编写 Python 程序时缩进的作用是（　　）。

A. 让程序更美观　　B. 只在 for 循环中使用

C. 只在 if 语句中使用　　D. 用来界定代码块

17. 在 IDLE 中，运行 Python 程序的快捷键是（　　）。

A. Ctrl + R 组合键　　B. Ctrl + B 组合键

C. F5 键　　D. F11 键

18. 以下 Python 的 if...else 语句中，正确的是（　　）。

A. if x > 10: print ("Yes") else: print ("No")

B. if(x > 10){print ("Yes") } else {print ("No") }

C. if x > 10: print ("Yes") print ("No")

D. if x > 10: print（"Yes"）else print（"No"）

二、填空题

1. 在 Python 中，输入和输出的函数是________和________。

2. 在 Python 中，input( ) 函数返回结果的数据类型为________。

3. 计算机语言发展大致经历了机器语言、汇编语言和高级语言阶段。可以被计算机直接执行的语言是________，Python 语言属于________语言。

4. Python 的转义字符“\n”的作用是________。

5. 已知“a = "python"”，则“print（a[1] + a[3]）”的值为________。

6. 结构化程序设计的 3 种基本结构是________、________和________。

7. Python 自带的集成开发环境是________。

8. 常量是指在程序运行过程中始终________的常数、字符串等。在命名时通常使用________来表示。

9. 使用________运算符可以检查两个 Python 变量是否相等。

10. Python 程序中单行注释使用________符号，多行注释可以用________实现。

11. 在 Python 中，使用________函数可以输出信息到控制台。

12. 要将浮点数转换为整数，可以使用________函数。

13. 使用 list 列表中的________方法可以将列表中的元素进行排序。

14. 在 Python 中，random.________( ) 用于生成一个 0 到 1 之间的随机浮点数。

15. 查看变量类型的 Python 内置函数是________。

16. ________命令既可以删除列表中的一个元素，也可以删除整个列表。

17. ________是由常量、变量和函数通过特定的运算符连接起来的有意义的式子。

18. 任意长度的 Python 列表、元组和字符串中第一个元素的下标为________。

19. 在循环语句中，________关键字的作用是提前结束本层循环，________关键字的作用是提前进入下一次循环。

20. Python 中用于表示逻辑与、逻辑或、逻辑非运算的关键字分别是________、________、________。

21. Python 中定义函数的关键字是________。

三、判断题（正确的打“√”，错误的打“×”）

（　　）1. Python 是一种跨平台、开源、免费的高级动态编程语言。

（　　）2. Python 命令中用到的标点符号只能是英文字符。

（　　）3. Python 变量名必须以字母或下划线开头，并且区分字母大小写。

（　　）4. Python 变量使用前必须先声明，并且一旦声明就不能在当前作用域内改变其类型。

（　　）5. Python 列表、元组、字符串都属于有序序列。

（　　）6. 列表对象的 append( ) 方法属于原地操作，用于在列表尾部追加一个元素。

（　　）7. 如果仅仅是用于控制循环次数，那么使用“for i in range（20）”或“for i in range（20，40）”的作用是等价的。

（　　）8. 对于带有 else 子句的循环语句，如果是因为循环条件表达式不成立而结束循环，则执行 else 子句中的代码。

（　　）9. 函数是代码复用的一种方式。

（　　）10. 函数能完成特定的功能，对函数的使用不需要了解函数内部实现原理，只要了解函数的输入输出方式即可。

（　　）11. Python 的 IDLE 是一个官方的集成开发环境。

（　　）12. 在 Python 中，常量是一种在程序运行期间值可以改变的量。

（　　）13. 在 Python 中，使用“a，b，c=1，2，3”可以同时为三个变量赋予不同的值。

（　　）14. 在 Python 中，字符串、整型和浮点型都是不可变数据类型。

（　　）15. 在 Python 中，and 和 or 运算符都具有相同的优先级。

（　　）16. Python 中，变量名是区分大小写的，如 variable 和 Variable

是指同一个变量。

（　　）17. 在 Python 中，可以同时导入多个模块。

（　　）18. list.remove（x）方法是从列表中删除第一个出现的元素 x。如果 x 不在列表中，则会引发错误。

（　　）19. for 语句常用于事先不知道循环次数的循环。

（　　）20. break 关键字的作用是结束本次循环，跳过循环体尚未执行的语句，继续执行下一轮循环。

（　　）21. min() 和 max() 函数都不能用于空列表，使用时会引发错误。

（　　）22. random.random() 函数用于生成一个大于等于 0 且小于 1 的随机浮点数。

四、编程题

1. 用 Python 编写程序输出 "Hello Python! "。

2. 每日水摄入量计算器：编写一个程序，根据用户的体重计算每天应该摄入多少水。（每千克体重需要 0.033 升水，保留两位小数）

3. BMI（体质指数）计算器：编写一个程序，输入用户的身高（米）和体重（千克），计算并输出其 BMI。BMI = 体重/(身高 **2)。

4. 室内温度调节建议：编写一个程序，根据室外温度和天气状况，给出室内温度调节的建议。（当室外温度大于 30℃时，建议室内温度设定为 25℃；当室外温度小于 20℃时，建议室内温度设定为 20℃；其他情况，建议室内温度设定为 22℃）

5. 分数转换器：实现分数与等级的转换。

如果分数大于或等于 90，成绩等级为 A。

如果分数低于 90 但大于或等于 80，成绩等级为 B。

如果分数低于 80 但大于或等于 70，成绩等级为 C。

如果分数低于 70 但大于或等于 60，成绩等级为 D。

如果分数低于 60，成绩等级为 F。

6. 已知列表 "list1 =[23，56，31，10，67，43，32]"，使用 sort( ) 方法进行降序排序，输出 list1 列表。

7. 使用 turtle 绘制正十边形，如图 5-4-1 所示。

8. 使用 turtle 绘制禁止驶入标志，如图 5-4-2 所示。

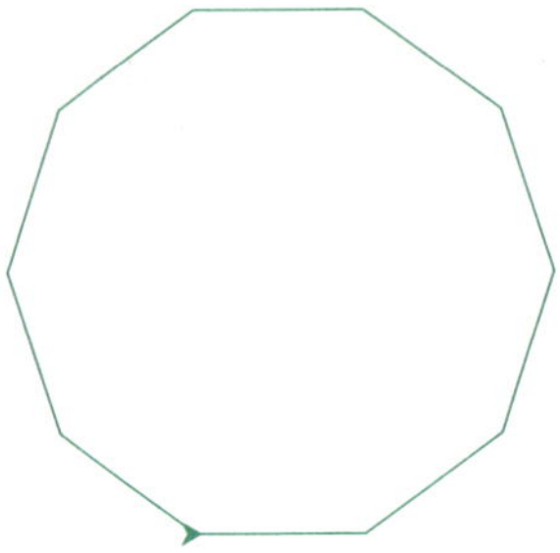

图 5-4-1　正十边形

图 5-4-2　禁止驶入标志(实际为红色)

第 6 单元　数字媒体技术应用

6.1　感知数字媒体技术

【学习目标】

1. 了解数字媒体技术及其应用现状。

2. 了解数字媒体文件的类型、格式及特点，会获取文本、图像、音频、视频等常见数字媒体素材，会进行不同数字媒体格式文件的转换。

3. 了解数字媒体信息采集、编码和压缩等技术原理。

任务　体验数字媒体技术并了解其原理

练一练

一、单项选择题

1. 在导游专业教学中，跟着 3D 实景进行讲解训练，体现的数字媒体技术特点是（　　）。

A. 数字化　　B. 交互性　　C. 集成性　　D. 艺术性

2. 下列选项中，不能获取文字素材的方法是（　　）。

A. 手工书写　　B. 键盘打字

C. 语音识别　　D. 软件制作

3. 数字信号采用的编码是（　　）。

A. 二进制　　B. 八进制　　C. 十进制　　D. 十六进制

4. 下列选项中，不属于常用的无损压缩工具的是（　　）。

A. WinZip　　B. WinRAR　　C. Windows　　D. 360 压缩

二、填空题

1. 数字媒体技术具有________、________、________和________等特点。

2. 数字媒体技术采用________的形式通过计算机来存储、处理和传播文字、图像、声音、动画等信息。

3. 数据压缩从不同的角度有不同的分类，根据质量有无损失可分为________和________。

三、判断题（正确的打“√”，错误的打“×”）

（　　）1. 数字媒体技术是结合了数字技术、网络技术、媒体与艺术设计的综合应用技术。

（　　）2. “库乐队”软件的运用体现了数字媒体技术的艺术性。

（　　）3. 模拟信号是连续的，数字信号是离散的。

（　　）4. 数字化处理后的信息，特别是视频信息数据量非常大，要占据很大的存储空间。

做一做

学校团委组织诗歌朗诵微视频比赛，参加的同学需交一份图、文、声相结合的朗诵视频，视频内容包含与诗歌相匹配的场景、诗歌文字及朗诵者语音。小林选取了《雨巷》这首诗制作微视频，小林需要解决以下问题：第一，要将书中的诗歌转换成数字文本；第二，要录制自己朗诵的声音；第三，拍摄真实的雨巷画面。

一、数字媒体元素

从上述情境中发现，小林需要获取的数字媒体元素是________（从以下选项中选出正确的序号填入横线上）。

① 文本；　② 图像；　③ 视频；　④ 音频；　⑤ 动画。

二、获取文本

1. 小林使用全能扫描王 APP 扫描图片，识别文字，在图 6-1-1 中圈出需要选择的工具。

2. 转换为数字文本后，可以在计算机上编辑、复制、导出，小林想导出 .docx 格式文档，方法为________，请在图 6-1-2 中圈出导出选项。

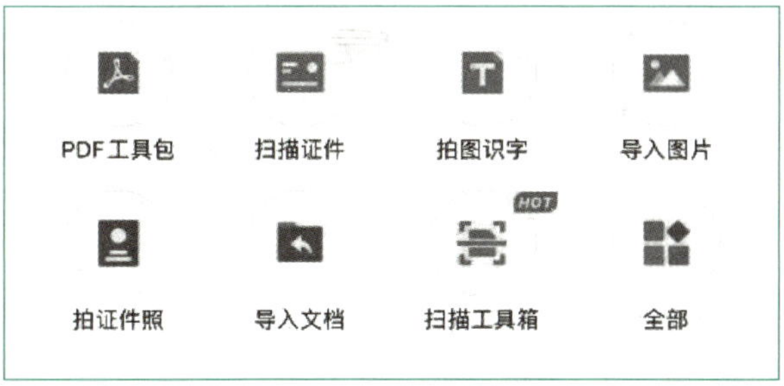

图 6-1-1　全能扫描王功能页

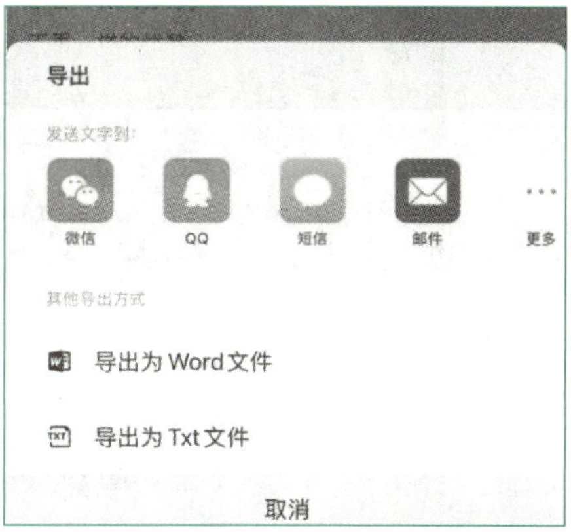

图 6-1-2　文本导出

三、获取音频

1. 音频则需要通过小林朗诵《雨巷》获取，他采用计算机录音，需要具备的硬件是________（请选择：① 耳机；② 麦克风；③ 音箱）。

2. 打开录音机，单击________开始录音。

3. 录制完后，单击“停止录制”按钮，弹出图 6-1-3 所示对话框，单击“保存”按钮，录音文件的默认保存格式是________。

四、视频文件格式转换

小林用自己的手机拍摄了一段下雨时的巷子视频，导入计算机时发现，录制的视频格式为 MOV，不能正常导入到视频编辑软件中，需要转换格式，他使用“格式工厂”软件完成转换。

1. 打开“格式工厂”软件，小林需要将 MOV 格式的视频转换成 MP4 格式，请在图 6-1-4 中圈出相应的选项。

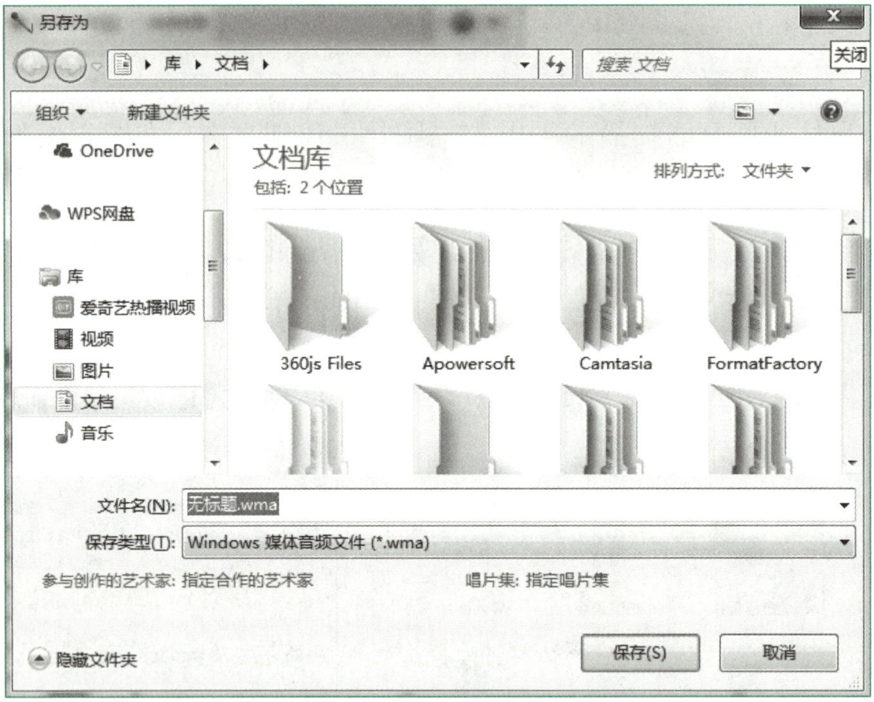

图 6-1-3　使用录音机保存文件

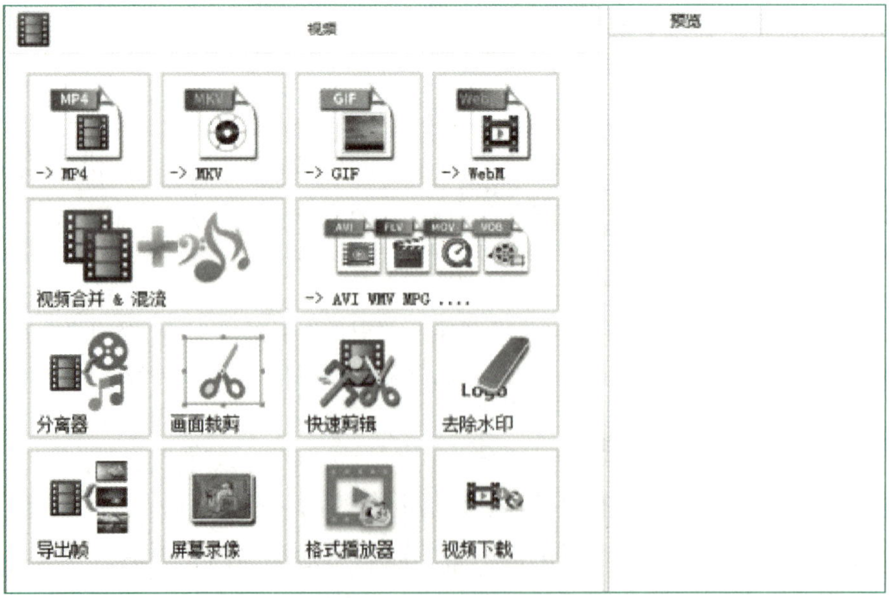

图 6-1-4　视频格式转换功能

2. 请依次完成转换设置，并把图 6-1-5 中序号按执行的先后次序排列________。

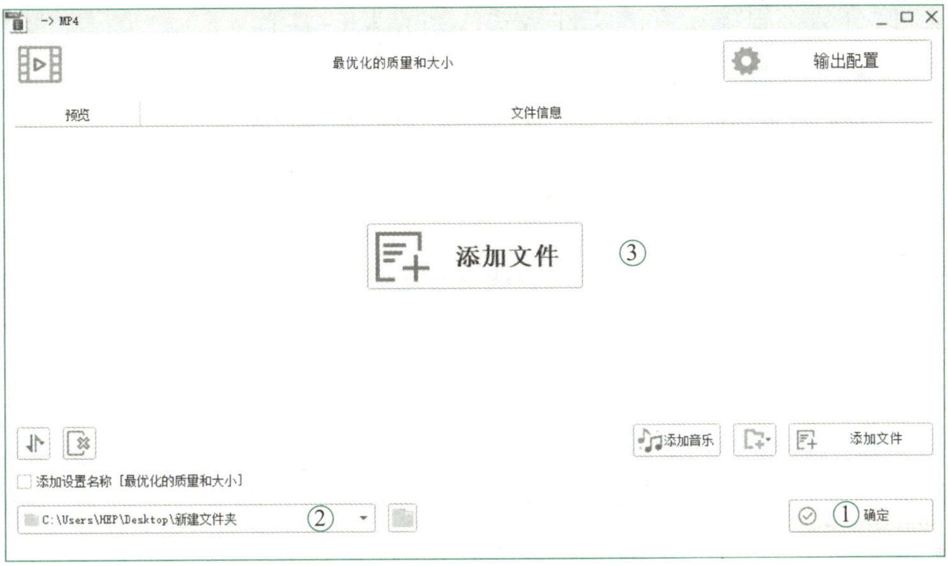

图 6-1-5　使用格式工厂保存转换后文件

探一探

1. 在浏览网页时信息都以哪些形式呈现呢？请打开“数字敦煌”网站，如图 6-1-6 所示，浏览任意一个洞窟，你发现了____________（请选择：①文本、②图像、③视频、④音频、⑤动画）数字媒体元素。

图 6-1-6　“数字敦煌”网站首页

“全景漫游”（在每个洞窟页面最下方）功能体现了数字媒体技术______特点（请选择：a. 数字化；b. 交互性；c. 集成性；d. 艺术性）。

2. 区分数字媒体元素的文件格式，完成表 6-1-1。

（1）连线：请将文件格式与媒体元素相连。

（2）在表格第三列中填入能打开该文件格式的软件。

表 6-1-1　数字媒体元素的文件格式

文件格式	媒体元素	可用何种软件打开（写出一种即可）
MP4	文本	
PNG		
HTML		
DOCX	图像	
SWF		
MOV	视频	
WMA		
WAV	音频	
JPG		
MP3		
TXT	动画	
BMP		

3. 使用“格式工厂”软件将小林录制的朗诵音频转换成 MP3 格式。

4. WebP 文件是新一代图片文件格式，它的优点是同等画面质量下，体积比 JPG、PNG 等小很多，请从网上下载一张 WebP 图片，再用“格式工厂”软件将其转换为 JPG 格式。

5. 利用微信将语音转换成文字：将《雨巷》这首诗歌，用微信语音的形式录入，再使用转文字功能，将语音转换成文字。

6.2 制作简单数字媒体作品

【学习目标】

1. 会对图像、音频、视频等素材进行简单编辑、处理。
2. 会制作简单动画。

任务 1 加工处理图像

练一练

一、单项选择题

1. 下列选项中，不属于图像处理软件的是（　　）。

A. Photoshop　　B. 美图秀秀　　C. WPS　　D. CorelDRAW

2. 下列选项中，不属于构图要点的是（　　）。

A. 突出主体　　B. 动中有静　　C. 平均分配　　D. 色彩适宜

3. 黄金分割法在实际应用中采用的近似值是（　　）。

A. 1 ∶ 3　　B. 3 ∶ 4　　C. 3 ∶ 5　　D. 5 ∶ 7

4. 在色相环上位置相对的颜色称为（　　）。

A. 补色　　B. 相似色　　C. 近似色　　D. 反差色

二、填空题

1. 黄金分割法中，较小部分与较大部分的比值约为________。

2. ________是构图的最基本方式，即把画面横竖各分为三等份。

3. 均衡法有________和________，是一种相互呼应、相对平衡的视觉艺术。

三、判断题（正确的打“√”，错误的打“×”）

（　　）1. 图像是人类获取和交换信息的主要来源之一。

（　　）2. 在三分法构图中，把主体放在分割线上，可以达到突出主体的效果。

（　　）3. 若想将图片保存为透明背景，应保存的文件格式是 PNG。

（　　）4. 有彩色的基础是红、黄、绿三种颜色，称为三原色。

做一做

清明节是中华民族古老的节日，既是一个扫墓祭祖节日，也是人们亲近自然、踏青游玩、享受春天的节日。在清明节到来之际，老师引导大家制作清明节、踏春海报，以提升同学们的制作技巧。

一、制作清明节海报

1. 处理柳条图像：柳条图像背景透明，此处可使用________工具，将柳条拖入背景图层，由于柳条占位过大，且有散叶飞舞，画面不够美观，对此进行调整。

（1）调整大小。

请判断：图 6-2-1 中，选择“缩放”命令时，图层选择是否正确？（　　）

图 6-2-1　处理柳条图像

（2）处理散叶。

利用“橡皮擦工具”处理散叶，在正确的操作方法前打“√”。

□用该工具框住散叶，再按 Delete 键删掉。

□用该工具在散叶上涂抹。

2. 处理燕子图像：燕子图像背景为白色，直接放入背景图像并不合适，需要先去掉白色背景，此时可使用________（在图 6–2–2 中圈出）工具选中白色部分，接着单击图中________（在图 6–2–2 中圈出）位置，形成图中虚线选框，此时选中的是________（请选择：白色背景，燕子）。在将燕子拖入背景图层前，需进行的操作是（请在正确项前打“√”）。

□什么都不做。□将选区进行反向选择。

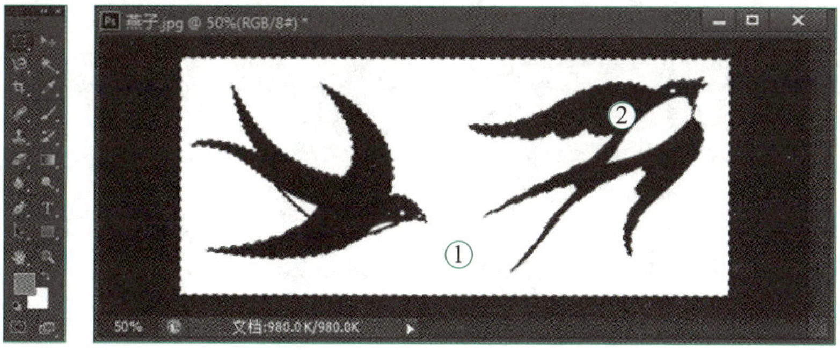

图 6–2–2 处理燕子图像

3. 添加文字：输入文字可选择________（在图 6–2–3 中圈出）工具，接着在需添加文字的位置单击，输入“清明节”三个字，调整字体、大小及颜色（在图 6–2–3 中圈出设置字体大小及颜色位置）。设置投影，调出“图层样式”对话框，设置投影的相关参数，需要勾选________，如图 6–2–3 所示。

图 6–2–3 设置文字

4. 设置图层（将对应操作的序号填入括号内）：排列图层（　　），重命名图层（　　）。

① 选中某一图层，双击图层名，输入名称；

② 选中某一图层，按住鼠标左键将其拖动到目标位置，释放鼠标左键。

二、制作踏春海报

1. 素材及效果如图 6-2-4 所示，需要利用蒙版、滤镜、抠图等方式完成。

图 6-2-4　素材及效果图

2. 使用________工具，将素材“女孩”移动到“风景”，并为该图层增加蒙版，请在图 6-2-5 中圈出添加蒙版按钮。

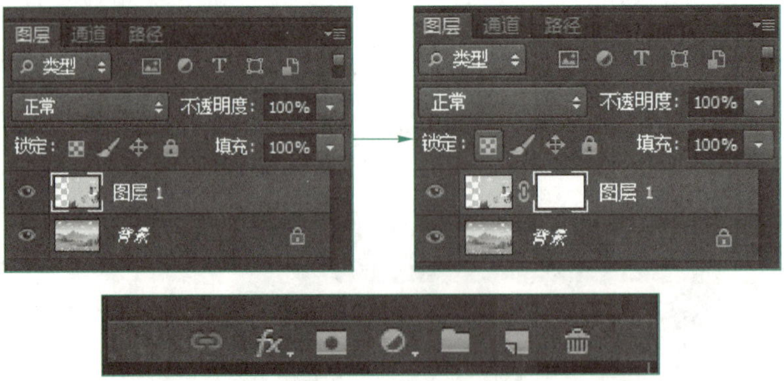

图 6-2-5　添加蒙版

3. 请在图 6-2-6 的两幅图中勾选出使用蒙版后的正确效果。

4. 为背景图层添加阳光，选择________→________→________，在“镜头光晕”对话框中，可以设置三项参数，分别为位置、________、________。

图 6-2-6 为“女孩”图像添加蒙版

5. 添加“兔子”元素，需要去除原图背景，可使用________工具，直接选择背景，选择“选择反向”命令后，再用________工具将其移动到“风景”中，如图 6-2-7 所示。

图 6-2-7 去除“兔子”图像背景

6. 调整“兔子”大小、方向及位置后，为了让图像更美观，需要擦除“兔子”左右两侧的横线，可使用________工具，直接擦除即可。

7. 在存储文件时，需要将其以源文件形式和普通图像形式存储，其源文件格式为________，源文件存储的该图像图层共________个。

探一探

以自己的一寸照为原片，用美图秀秀制作图 6-2-8 所示的名牌。

图 6-2-8 名牌效果图

任务 2　制作动画作品

练一练

一、单项选择题

1. 以下选项中，不属于计算机常用动画制作软件的是（　　）。

A. Animate　　B. 3ds Max　　C. Flash　　D. WPS

2. 下列选项中，GIF 图像不支持的模式是（　　）。

A. 位图　　B. RGB　　C. 灰度　　D. 索引颜色

3. 下列选项中，关于 GIF 图像的描述错误的是（　　）。

A. 文件较大　　B. 适用于网页　　C. 网上流行　　D. 可形成动图

4. 可以表现植物生长过程的闪图格式是（　　）。

A. JPG　　B. BMP　　C. PNG　　D. GIF

二、填空题

1. 动画按照形式可以分为________、________、________。

2. 每秒放映 24 张画面时，人眼看到的就是连续的画面效果，刷新频率为________。

3. GIF 是________位图像文件，它能存储成背景________的图像形式。

三、判断题（正确的打“√”，错误的打“×”）

（　　）1.《大闹天宫》《神笔马良》属于立体动画。

（　　）2. 制作 GIF 闪图，中间图像越多，画面越流畅。

（　　）3. GIF 闪图是将多幅图像数据保存为一个图像文件。

做一做

《大闹天宫》是一部动画片，其主人公孙悟空住在花果山。孙悟空水中嬉戏的画面较为传神，用动图形式就可以将其呈现。

一、查看图片

1. 图片共________幅，播放顺序从第 01 幅到第 16 幅，描述孙悟空________（请选择：① 先入水再出水，② 先出水再入水）画面，如图 6–2–9 所示。

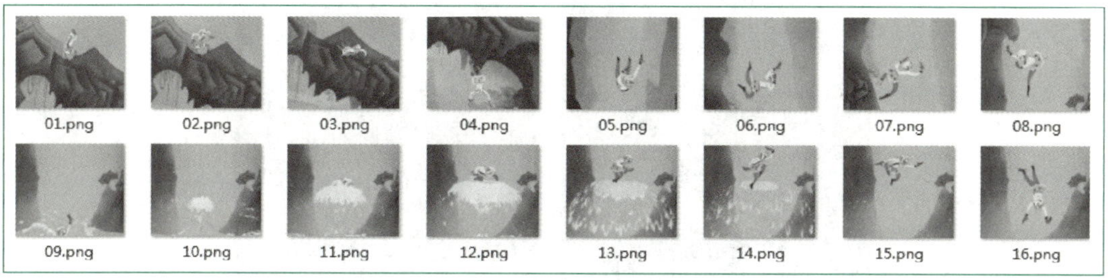

图 6–2–9　素材文件

2. 切换文件查看方式为“内容”，发现图片尺寸为________像素，所有图片尺寸（选择：□一样，□不同），如图 6–2–10 所示。使用 Photoshop 制作动图时，（选择：□需要，□不需要）将图片尺寸调整成一样。

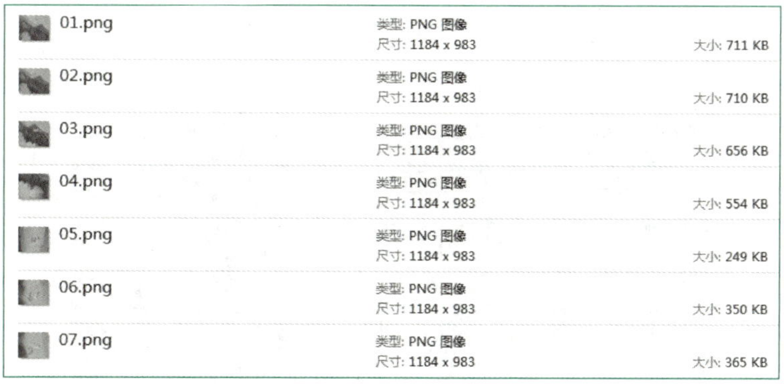

图 6–2–10　素材文件信息

二、图像合并

1. 将其他 15 幅图移入“01.jpg”，需使用________工具。（请在下面选项中选择）

① 套索；② 文字；③ 移动；④ 画笔；⑤ 选框。

2. 15 幅图按文件名 02–16 依次拖入“01.jpg”文件，并为其图层重命名。图 6–2–11（a）是重命名前的图层，图 6–2–11（b）是重命名后的图层，请以连线的方式将命名前后的图层进行配对。

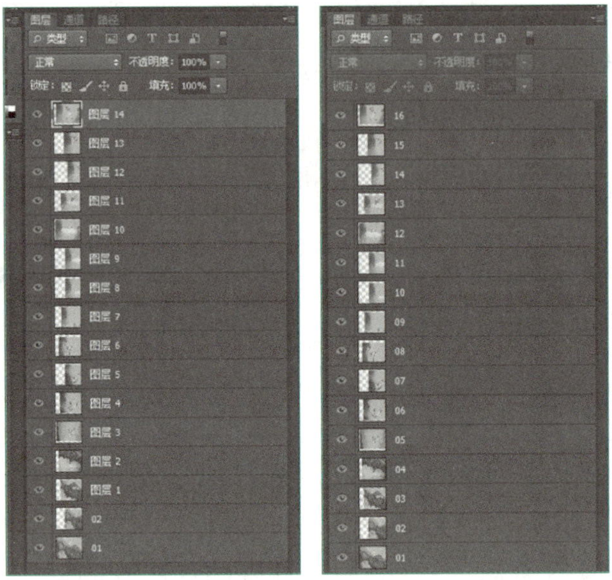

(a)　　(b)

图 6-2-11　图层命名

三、图像对齐

1. 请判断图 6-2-12 中各图层图像是否对齐（请选择：□是；□否）。

图 6-2-12　图像对齐分析

2. 为了提高便利性，可只显示单个图层上的图像，与透明背景进行对比，对齐文件边缘，图 6–2–13 是在对齐________图层，只显示了________图层。

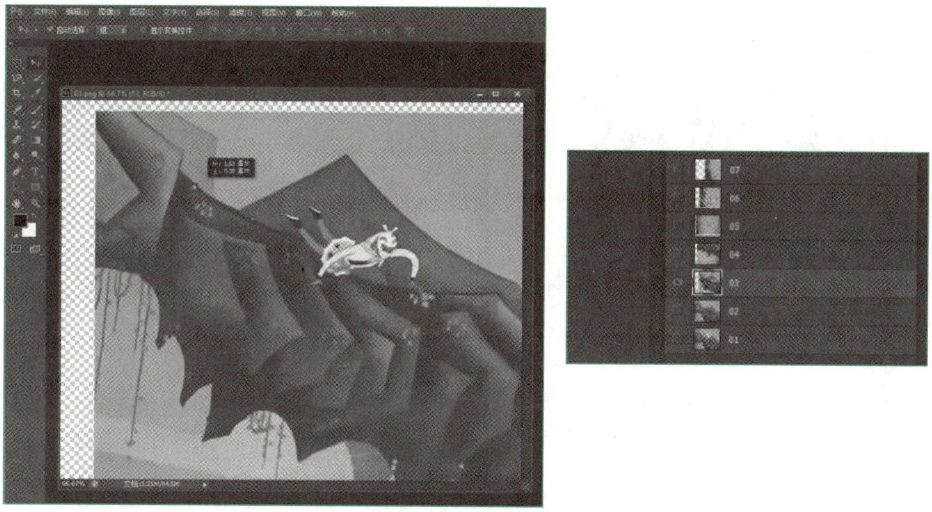

图 6–2–13　图像对齐操作

四、时间轴设置

1. 要设置动图效果，需使用 Photoshop“窗口”菜单中的________功能。

2. 请将图 6–2–14 时间轴上指定按钮功能的序号填入方框内。

① 新建帧；② 删除帧；③ 设置某一帧的播放时间；④ 设置动图的重复次数。

图 6–2–14　帧的操作

3. 每一帧显示一幅图像，16 幅图像共需要________帧，在图 6–2–15 基础上，还需要新建________帧。

4. 图 6–2–16 是在设置第________帧的图像，在“图层”面板中需要显示的图层名是________。

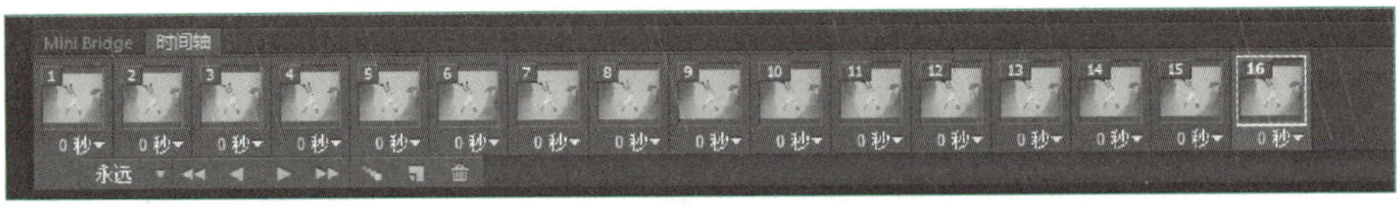

图 6-2-15　16 帧图像

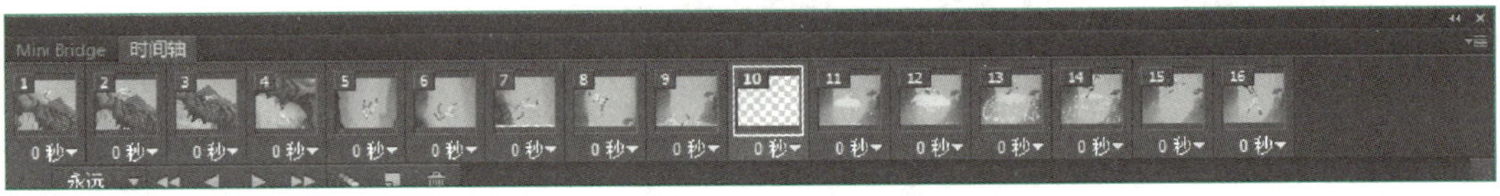

图 6-2-16　设置对应帧图像

5. 从图 6-2-17 中可以看出，每一帧播放时长为________秒。如果将播放次数设置为一次，请在图 6-2-17 中圈出应选择的命令。

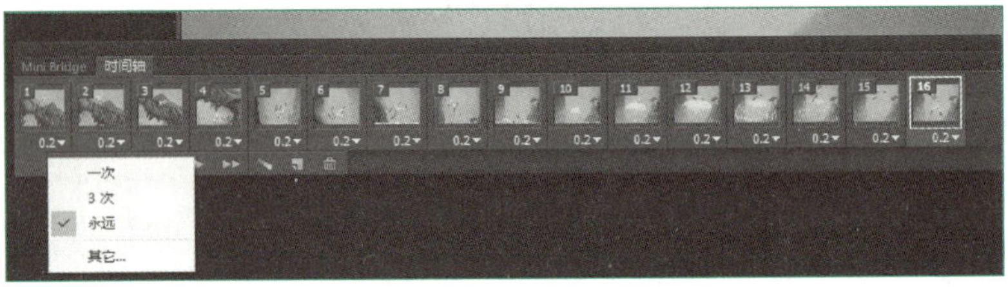

图 6-2-17　时间轴的设置

五、导出 GIF 文件

为了让图像能正常播放，请在图 6-2-18 中圈出正确的选项，完成 GIF 文件保存。

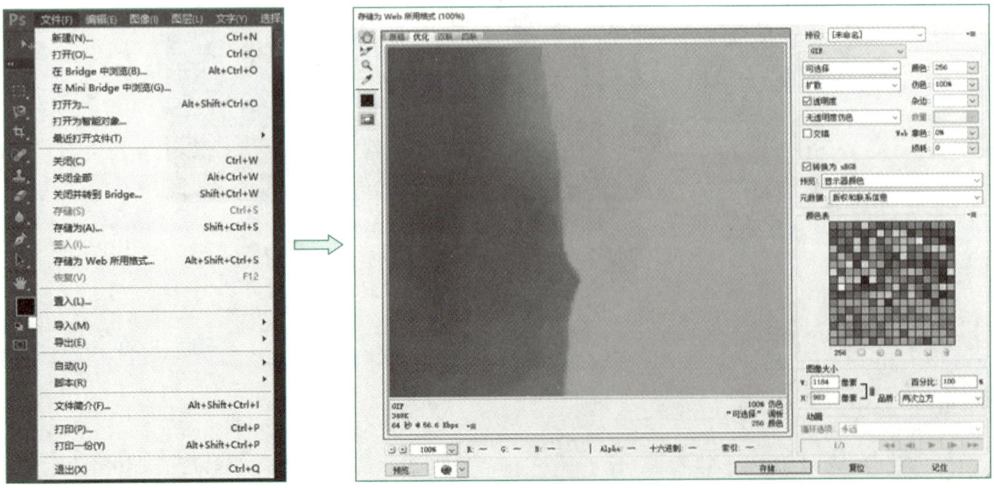

图 6-2-18　导出 GIF 文件

探一探

使用“美图秀秀”软件将配套资源中的素材制作为“少年奔跑”闪图。

任务 3 制作短视频作品

练一练

一、单项选择题

1. 下列选项中，不属于短视频制作流程的是（　　）。

   A. 脚本创作　B. 音效设置　C. 拍摄素材　D. 视频剪辑

2. 下列选项中，不属于景别的分类的是（　　）。

   A. 远景　B. 中景　C. 小景　D. 近景

3. 景别的分类中，摄像机与被摄物体距离最近的是（　　）。

   A. 远景　B. 中景　C. 近景　D. 特写

4. 下列选项中，关于镜头运动方式的描述不正确的是（　　）。

   A. 摄像机在推、拉、摇等形式的运动中拍摄

   B. 突破了画框边缘的局限

   C. 拓展画面视野

   D. 镜头运动改变画面大小

二、填空题

1. 拍摄素材时，可用手机，但最好能配合________拍摄。

2. 脚本创作一般可包含________、内容、________、音效、时间。

3. ________是指摄像机与被摄物体对象的距离不同，造成被摄物体在画面中呈现出不同的大小。

三、判断题（正确的打“√”，错误的打“×”）

（　　）1. 脚本是整个拍摄流程，或者说是拍摄说明书。

（　　）2. 拍摄素材一定要用专业的设备拍摄。

(　　) 3. 镜头运动方式必须符合人们观察事物的习惯。

做一做

对每一位中职生而言，学好技能，才能更好地适应岗位，拓展个人职业道路。技能大赛中展现出的工匠精神，值得每个人学习与传承。用微视频的方式将其记录，传播。

一、制作技能比赛微视频

（一）“剪映”软件界面

请将窗口各部件的编号填入图 6-2-19 框内。

① 时间轴；② 素材放置区；③ 播放器；④ 参数设置区；⑤ 视频导出。

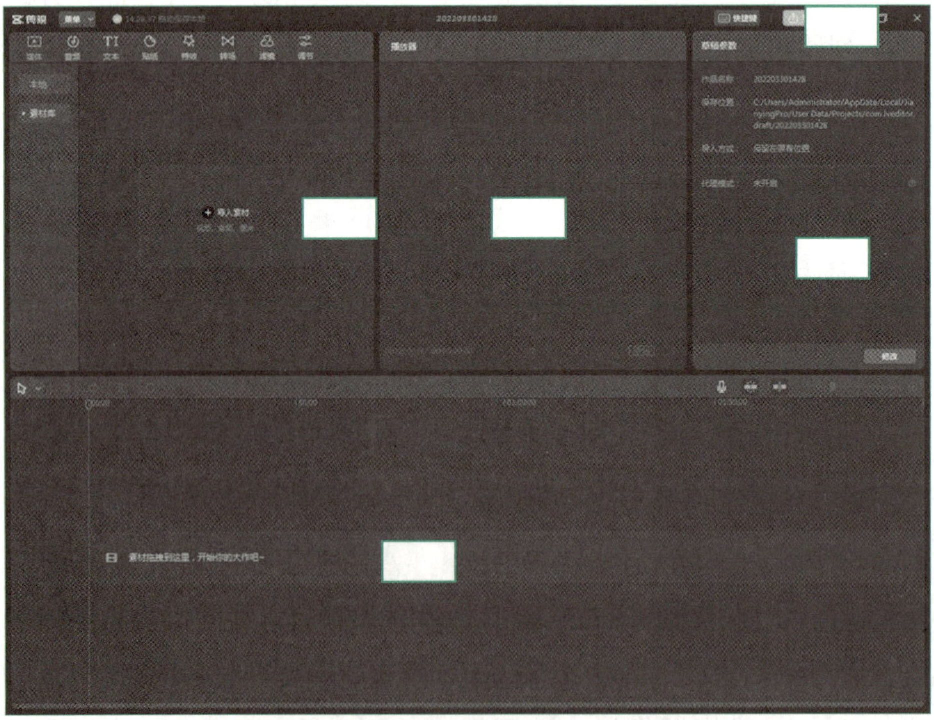

图 6-2-19　“剪映”软件界面

（二）短视频素材

1. 素材文件夹中包含的素材有________、________、________、________，如图 6-2-20 所示。

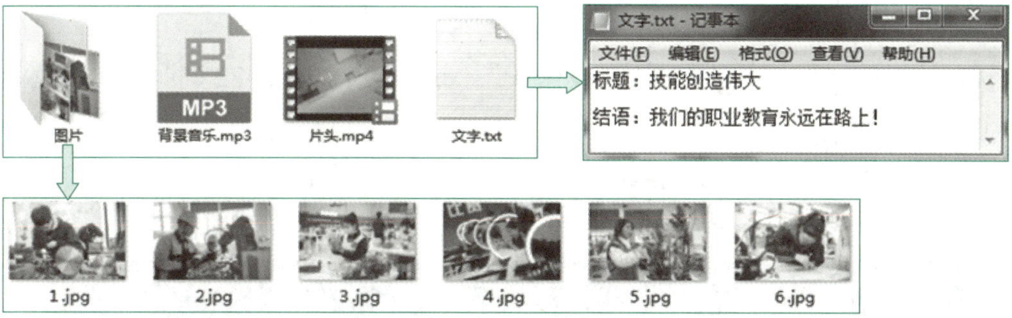

图 6-2-20　素材文件夹

2. 请将各素材编号填入下方横线处，进行视频预编排。

① 1.jpg；② 2.jpg；③ 3.jpg；④ 4.jpg；⑤ 5.jpg；⑥ 6.jpg；⑦ 片头 .mp4；⑧ 背景音乐 .mp3；⑨ 技能创造伟大；⑩ 我们的职业教育永远在路上！

字幕 ____________________________

图像 ____________________________

音效 ____________________________

（三）导入素材并将图像放入时间轴

1. 请在图 6-2-21 中圈出素材导入按钮，将图片、视频、音频素材导入“剪映”。

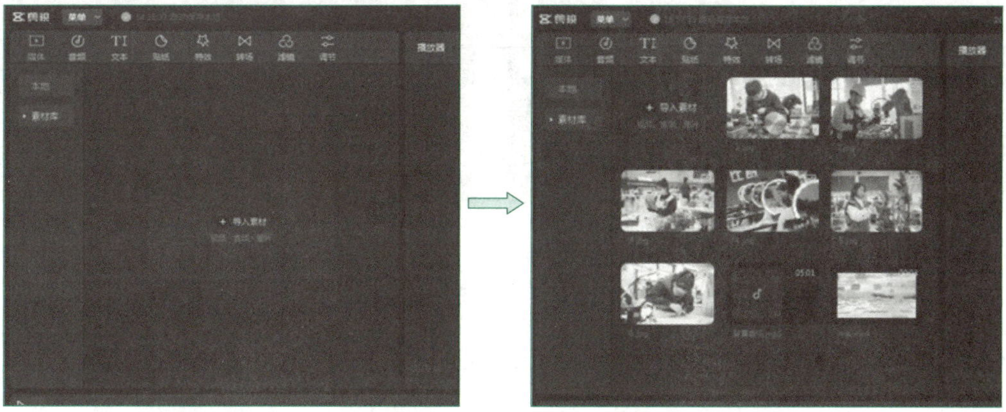

图 6-2-21　导入素材

2. 将图像放入时间轴，在正确方法前打“√”。

□选中某一素材，按住鼠标左键，将素材放入时间轴后，释放鼠标左键。

□选中某一素材，复制后，将素材粘贴到时间轴。

（四）设置文字

1. 添加片头文字“技能创造伟大”，请判断图 6–2–22 时间线放置位置是否合理，请在正确选项前打“√”。

□合理　　　　□不合理

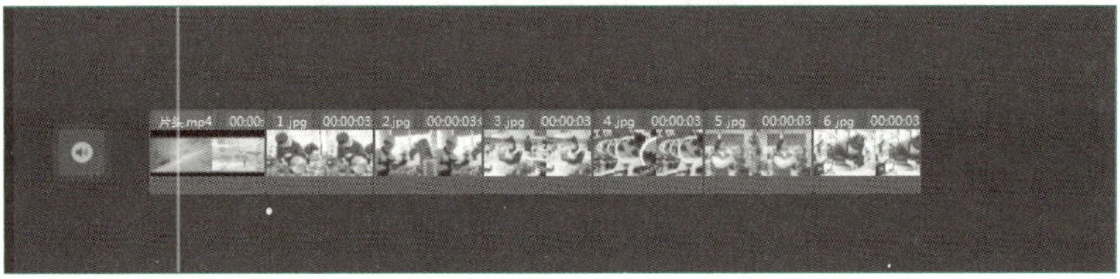

图 6–2–22　片头文字位置

2. 制作图 6–2–23（a）中的文字效果，请在图 6–2–23（b）中圈出需要设置的选项。

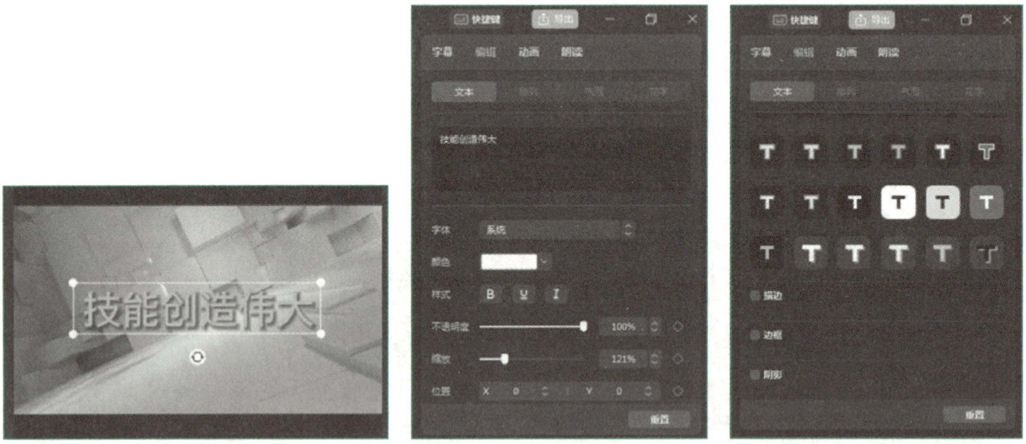

(a)　　(b)

图 6–2–23　文字格式设置

3. 请在图 6–2–24 中圈出调整文字出现时长设置的位置。

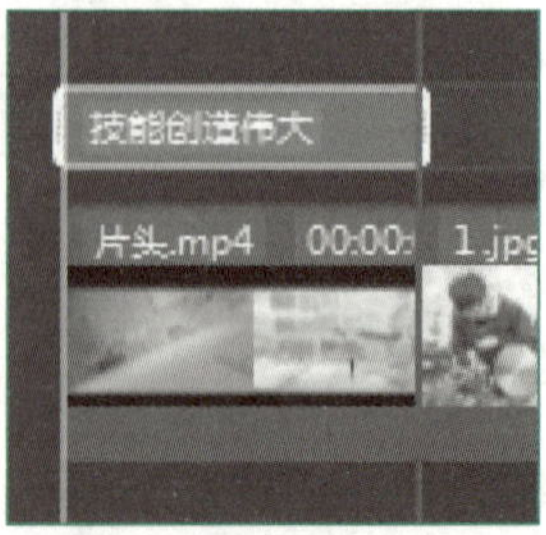

图 6–2–24　文字出现时长设置

（五）添加转场

1. 转场可让图像与图像之间的过渡显得更加自然，请仔细观察图 6–2–25，并完成以下两题。

（1）如果添加“翻页”转场，在“转场效果”中

图 6-2-25　转场效果设置

应该单击哪个按钮，请在图中圈出。

（2）判断图 6-2-25 是在哪两个图像间添加转场，请选择：□ 3 和 4，□ 4 和 5。

2. 判断题：转场添加位置与时间线所在位置有关。（　　）

（六）设置音频

1. 查看图 6-2-26，音频是否符合要求：________，如不符合，请说明原因________。

图 6-2-26　音频设置

2. 请在图 6-2-27 中圈出分割和删除的按钮。

3. 对比图 6-2-28 中的两幅图，音频增加了什么设置？（请选择：□淡入；□淡出）

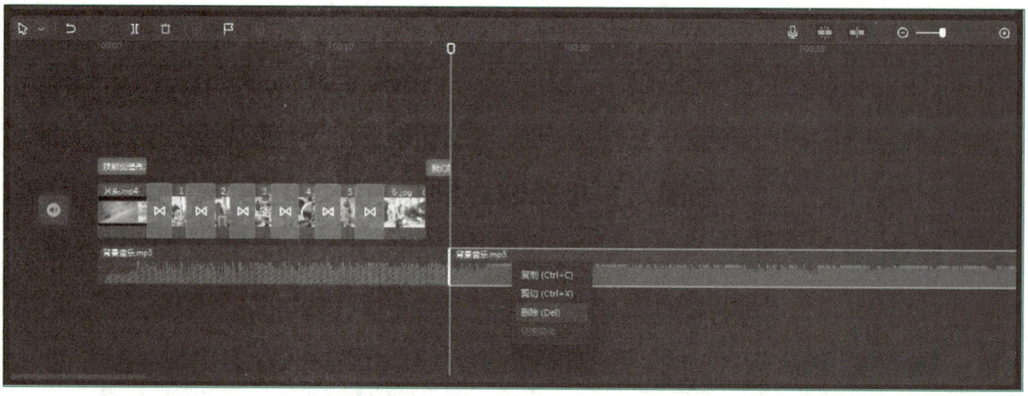

图 6-2-27　音频分割及删除

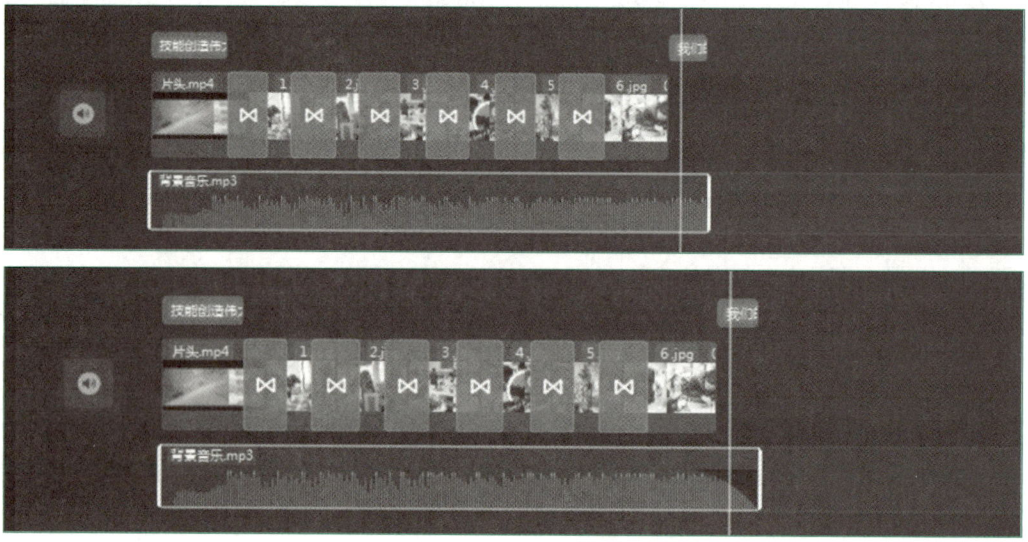

图 6-2-28　音频结尾设置

（七）视频导出

单击 ________ 按钮，弹出“导出”对话框，生成文件格式为 ________ 。

探一探

利用“剪映”软件为上述实例添加特效和滤镜，并为文字添加动画效果。

6.3 设计演示文稿作品

【学习目标】

了解数字媒体作品设计的基本规范，会集成数字媒体素材制作简单的数字媒体作品。

任务1 制作基础版演示文稿

练一练

一、单项选择题

1.（　　）是作品中所表现的中心思想，是作者通过作品要表达的感情、说明的道理或展现的内涵。

A. 素材　　B. 主题　　C. 内容　　D. 方法

2. 以下选项中，不属于数字媒体作品设计基本规范的是（　　）。

A. 主题突出　　B. 内容恰当　　C. 布局合理　　D. 素材繁多

3. 下列选项中,不属于一个完整的演示文稿必须包含的部分的是（　　）。

A. 封面页　　B. 目录页　　C. 内容页　　D. 结束页

4. 使用者使用（　　），只需在相应的位置输入文字，更改里面的图片，即可完成演示文稿制作。

A. 模板　　B. 母版　　C. 主题　　D. 版式

5. 不管使用哪套主题，标题位置都会出现的文字是（　　）。

A. “单击此处添加标题”　　B. “单击此处添加副标题”

C. “编辑标题”　　D. “编辑主标题”

二、填空题

1. 幻灯片在布局时要将页面内的文字、图片或视频等根据主题和内容的需要进行________的排列组合，色彩搭配合理，创造和谐、________、________的视觉效果。

2. ________是演示文稿软件自带的一种设置规范的标准化模板。

3. 每一款主题结合自身风格，规定了相应的________和________。

三、判断题（正确的打“√”，错误的打“×”）

(　　) 1. 在备注窗格中，可以添加备注文字。

(　　) 2. 使用模板可以降低制作演示文稿的难度。

(　　) 3. 主题也是一种模板。

(　　) 4. 演示文稿版面应简洁，不宜过满，要有一定的留白。

做一做

根据之前有关端午节演示作品内容的需求分析，制作基础版演示文稿，包含封面页、目录页、内容页、结束页。

一、新建、保存 WPS 演示文稿

以下哪些选项或按钮可以完成WPS演示文稿保存，请在图6-3-1中圈出。

图 6-3-1　保存 WPS 演示文稿

二、制作封面页

1. 请将图 6-3-2 中的两行文字与模板相应位置用连线的方式将其对应。

2. 将图片导入到这张幻灯片，文字会被覆盖，可采用什么方法解决，请在正确选项前打“√”。

图 6-3-2 输入封面页文字

☐右击图片，选择“置于底层”命令。

☐删掉图片，重新插入。

三、制作目录页

1. 目录页版式选择：图 6-3-3 中应选择的版式为____________________。

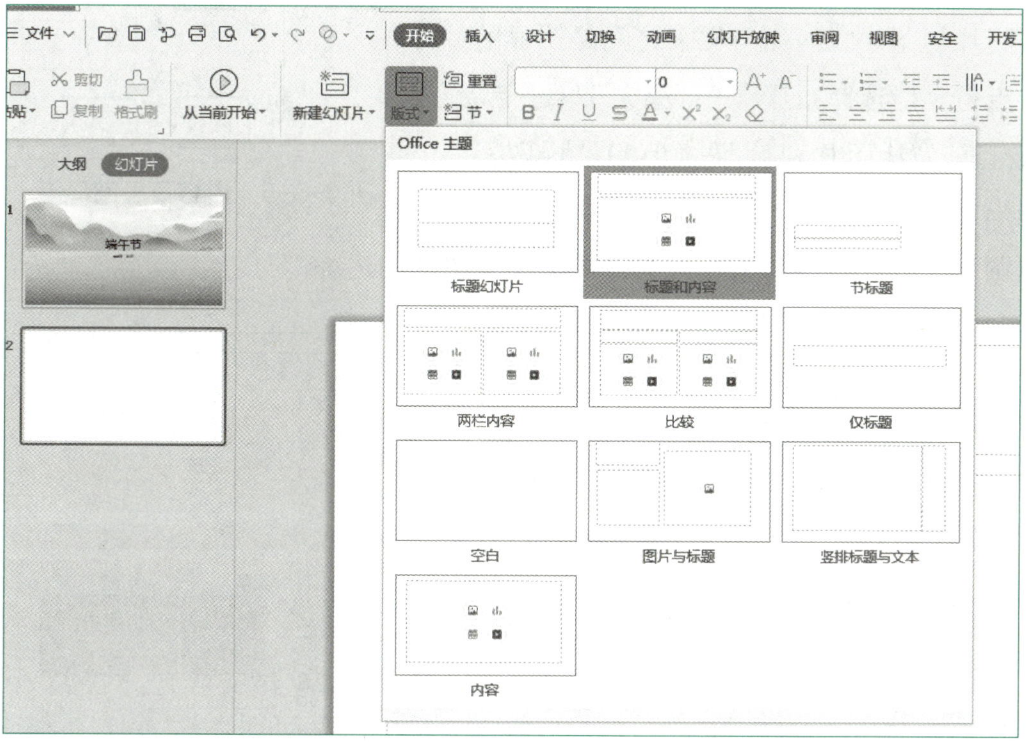

图 6-3-3 目录页版式选择

2. 在图 6-3-4 目录页中，共有__________个目录项，素材有文字和__________。

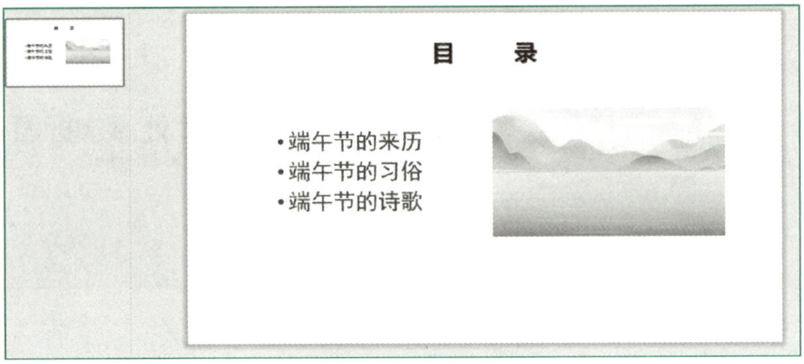

图 6-3-4　目录页

四、制作内容页

1. 内容页根据图 6-3-5 思维导图设计，至少包含 ________ 张幻灯片。

2. 在图 6-3-6 中圈出内容页，并观察图片与图片、图片与文字之间最明显的特点是（请选择：□对齐，□大小不一）。

3. 为让图片在调整大小的过程中不变形，可按住 ________ 键，再用鼠标拖曳调整，必要时可采用裁剪的方式，截掉图片的边缘部分。

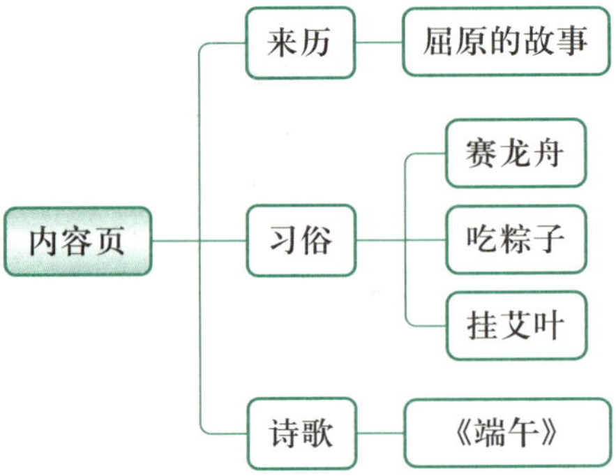

图 6-3-5　内容页思维导图

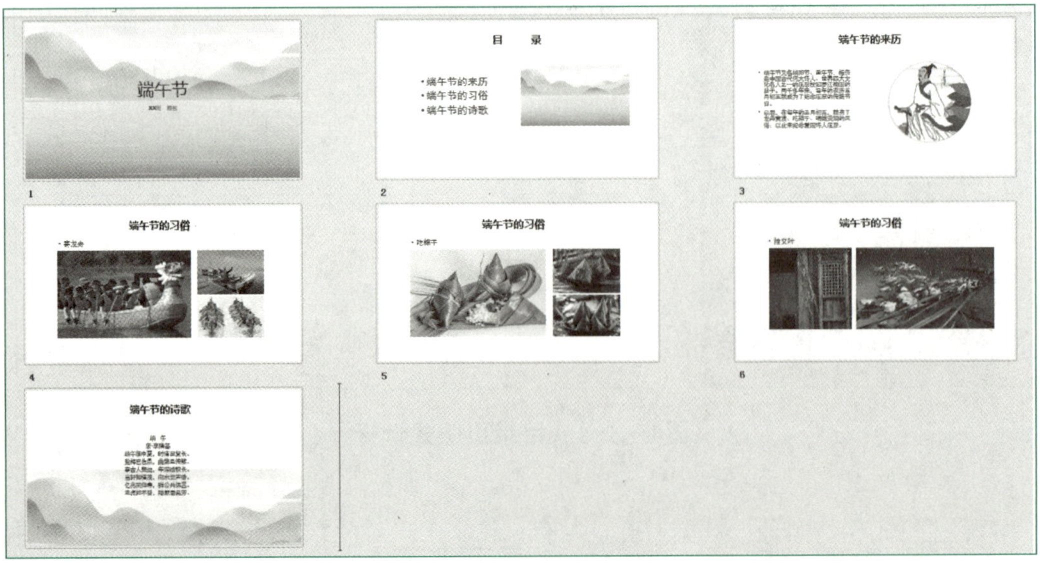

图 6-3-6　内容页

4. 请观察图 6–3–7“端午节的诗歌”幻灯片，诗歌文字所使用的对齐方式是（请选择：□左对齐，□居中对齐，□右对齐），所使用的图片在（请选择：□封面页，□目录页）出现过，图片进行了________处理。

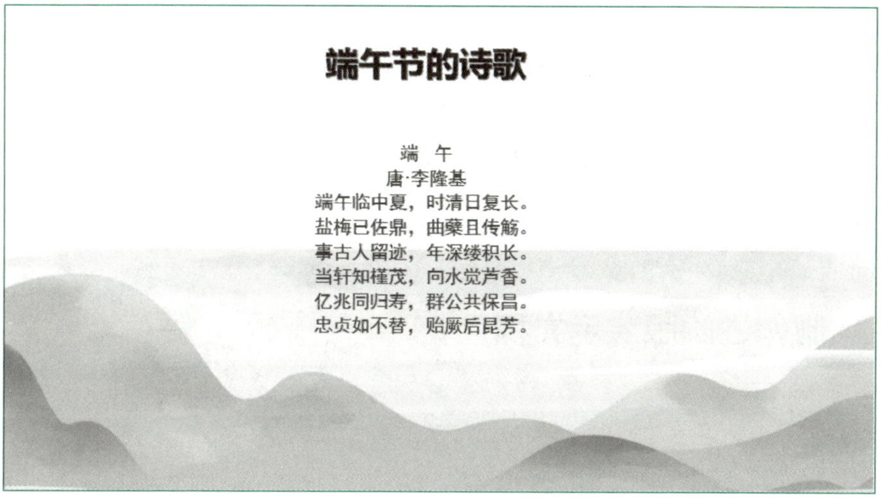

图 6–3–7 “端午节的诗歌”内容页

五、制作结束页

1. 将图 6–3–8 结束页与封面页对比，增加的操作是（　　）。

A. 删除副标题

B. 将主标题文字改成了“谢谢大家”

图 6–3–8 结束页

2. 以封面页为基础，制作结束页时，较为快捷的方式是（　　）。

A. 复制封面页，粘贴，修改文字即可

B. 新建幻灯片，输入文字，插入图片

探一探

使用 WPS 模板制作端午节演示文稿，观察模板使用后文字、图像等内容的变化。

任务 2　制作进阶版演示文稿

练一练

一、单项选择题

1. 下列选项中，关于页面动画的描述不正确的是（　　）。

A. 为幻灯片页面上对象的动画效果

B. 为幻灯片间的过渡动画

C. 为对象添加的进入动画

D. 为对象添加的强调动画

2. 可以在幻灯片放映时实现跳转的是（　　）。

A. 超链接　　B. 文本　　C. 动画　　D. 图形

3. 演示文稿中，能实现自动播放的功能是（　　）。

A. 从头开始　　B. 从当前开始

C. 自定义放映　　D. 排练计时

4. 下列选项中，不在“幻灯片放映”选项卡内的是（　　）。

A. 从头开始　　B. 从当前开始

C. 自定义放映　　D. 排练计时

二、填空题

1. 页面动画有________、强调动画、________及其他动作路径。

2. 换片动画是指从一张幻灯片到另一张幻灯片，中间出现的________动画。

3. 幻灯片放映时，可使用________勾画重点。

三、判断题（正确的打“√”，错误的打“×”）

（　　）1. 演示文稿动画有页面动画和换片动画。

（　　）2. 一般情况下，幻灯片在放映时都是按幻灯片的顺序来进行放映的。

（　　）3. 超链接可以实现幻灯片放映时链接到演示文稿以外的文件。

做一做

在基础版演示文稿的基础上，使用母版，添加换片动画、页面动画等，美化页面，进行放映设置，制作进阶版的演示文稿。

一、统一版式，确定整体风格

1. 给第2张～第7张幻灯片页面加一个绿色边框，最便捷的做法是（　　）。

A. 为每张幻灯片逐一加绿色边框

B. 使用幻灯片母版，为该版式添加绿色边框即可

2. 为统一添加绿色边框，请在图6-3-9中圈出需要单击的位置。

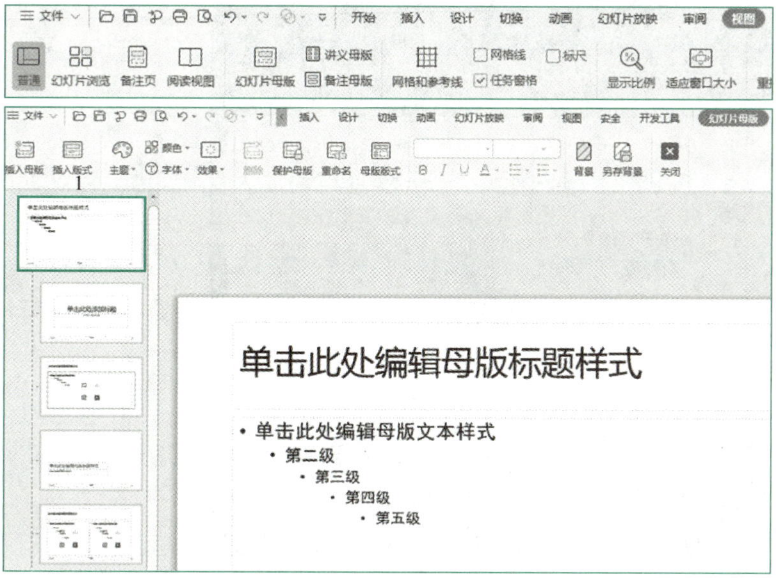

图6-3-9　母版设置

二、添加页面动画

1. 图 6-3-10 中页面动画类型总共________种。

图 6-3-10　页面动画设置界面

2. 图 6-3-11 中页面文字所使用的动画类型是（请选择：□进入动画　□强调动画　□退出动画　□动作路径），动画名是________，开始方式是________，速度是________。

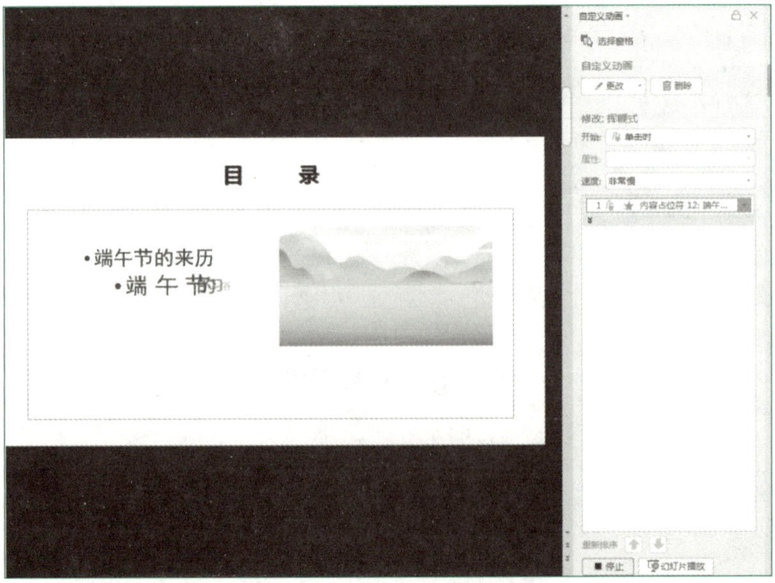

图 6-3-11　文字动画设置界面

3. 要设置挥鞭式动画效果，使文字逐字出现，请在图 6–3–12 中选择正确的设置方式。

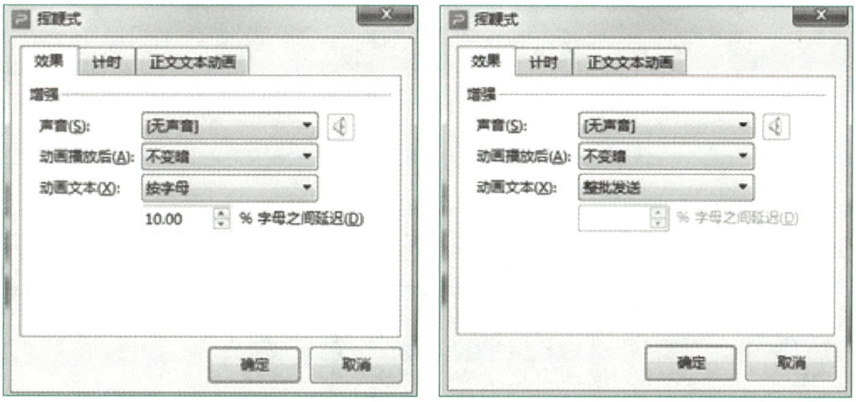

(a)　　　　　　　　(b)

图 6–3–12　文字逐字出现动画设置界面

4. 为第 2 张～第 7 张幻灯片中的文字添加进入动画，为图片添加强调动画，动画方式自定。

5. 图 6–3–13 中页面图片所使用的动画类型是（请选择：□进入动画　□强调动画　□退出动画　□动作路径），动画名是________，开始方式是________，速度是________，该动画播放次数是________次。

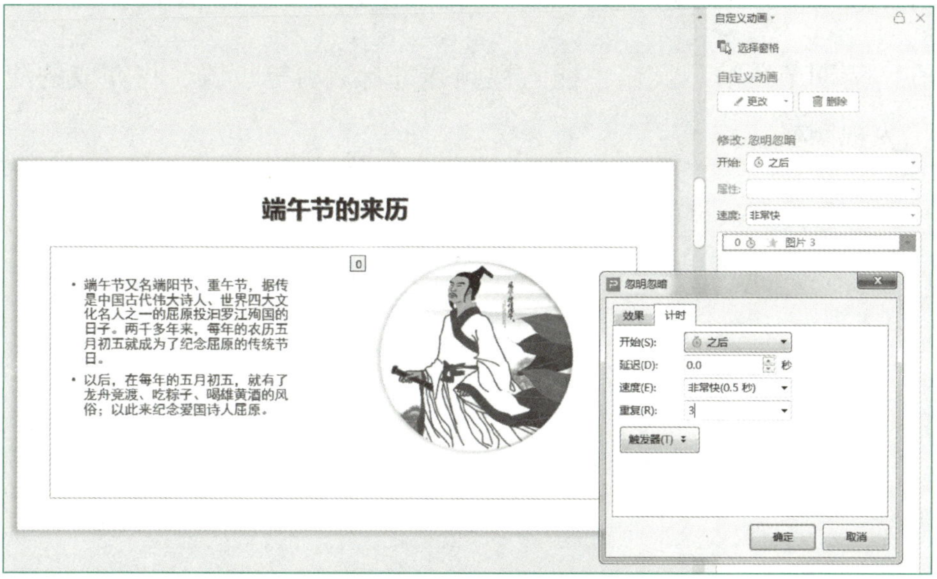

图 6–3–13　页面动画效果设置

三、添加切换动画

1. 为幻灯片添加向右的擦除切换动画，请在图 6-3-14 中圈出添加时需要单击的位置。

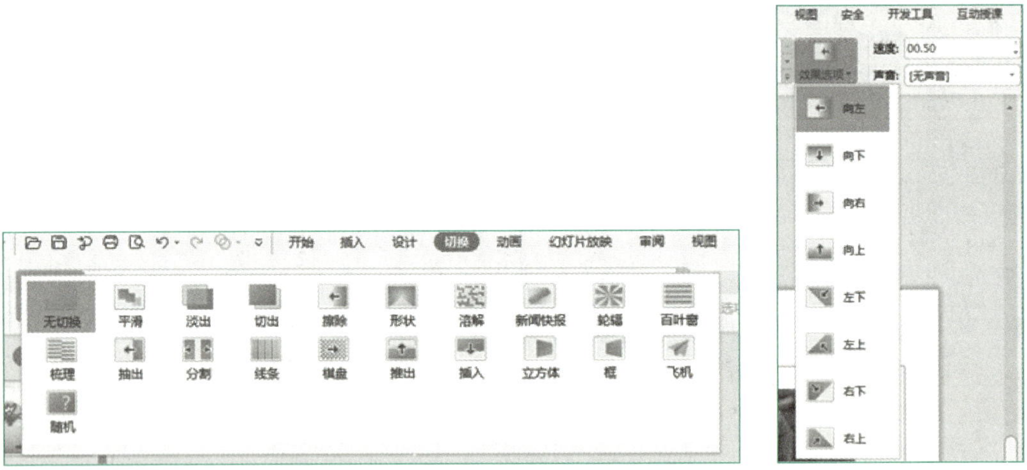

图 6-3-14　切换动画设置

2. 为每张幻灯片添加切换动画，注意：同一类型的页面，切换动画最好能保持一致，做到统一。

探一探

在“清明节”演示文稿中插入视频并进行裁剪等设置，将完成的演示文稿导出为视频格式。

6.4 初识虚拟现实与增强现实

【学习目标】

1. 初步了解虚拟现实与增强现实技术。
2. 会使用虚拟现实与增强现实技术工具，体验应用效果。

任务 了解虚拟现实与增强现实技术

练一练

一、单项选择题

1. 下列选项中，关于虚拟现实的描述不正确的是（　　）。

A. 用自然技能与虚拟环境交互　B. 获得直观又自然的实时感知

C. 无须专用设备　D. 产生身临其境的体验

2. 下列选项中，不属于虚拟现实技术主要特征的是（　　）。

A. 沉浸性　B. 交互性　C. 想象性　D. 体验性

3. 增强现实的简称是（　　）。

A. VR　B. AR　C. CR　D. TR

4. 下列选项中，不属于增强现实突出特点的是（　　）。

A. 实现现实世界和虚拟世界的信息集成

B. 虚拟世界极具想象性

C. 具有实时交互性

D. 在三维空间中增添定位虚拟物体

二、填空题

1. ________是以计算机为核心的多种相关技术共同创造的看似真实的模拟环境。

2. 增强现实是把虚拟信息融合在 ________ 中，两种信息互为补充，实现对真实世界的 ________ 。

三、判断题（正确的打“√”，错误的打“×”）

（　　）1. 虚拟现实技术是人类和计算机之间进行复杂数据交互的技术。

（　　）2. 模拟环境要集视觉、听觉和触觉等高度仿真感受于一体，是某一特定现实世界的模拟。

（　　）3. VR 技术的出现源于 AR 技术的发展。

做一做

当我们需要测量长度，又没有工具时，用什么方式来解决呢？当我们参观浏览某个景点，想有针对性地记录景点名称，又怎么解决呢？有了 AR 技术，用手机就可以实现。

一、“AR 尺子” APP

将以下编号标注在图 6-4-1 中。

① 添加测量点；

② 设置测量单位；

③ 完成测量；

④ 重新测量；

⑤ 显示定位点。

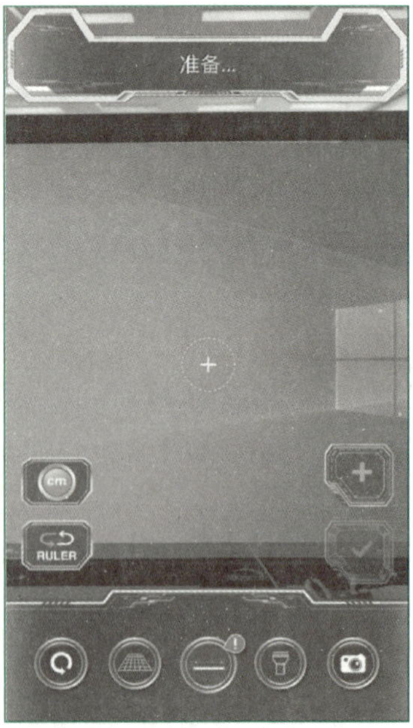

图 6-4-1 “AR 尺子” APP

二、用“AR 尺子”测量计算机屏幕尺寸

1. 要测量计算机屏幕对角线，如图 6-4-2 所示，需要进行以下操作，请按操作顺序编号。

（　　）将加号对准屏幕左上角

（　　）测量计算机屏幕对角线

（　　）往右下方移动设备

（　　）点击 APP 中的加号，确认测量起点

2. 移动设备将 APP 中的加号对准计算机屏幕右下角，点击“√”按钮确认，图 6-4-3 显示计算机屏幕对角线尺寸是 ________ cm。

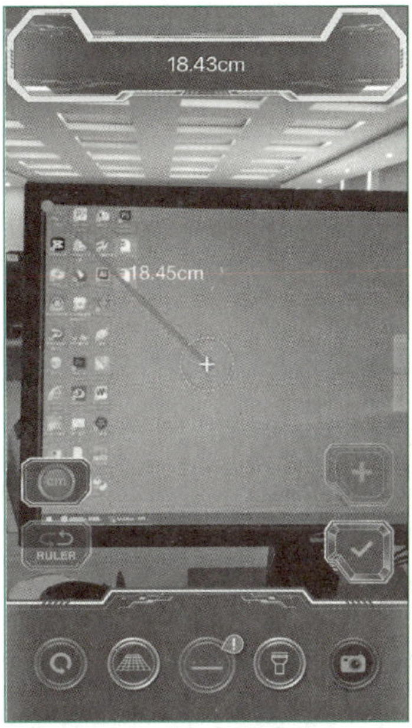

图 6-4-2　测量开始

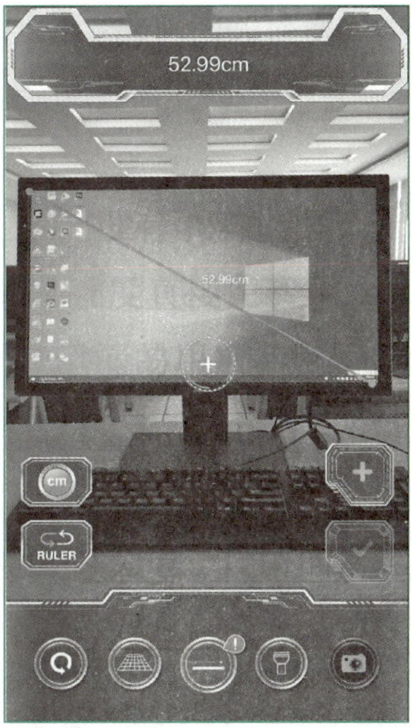

图 6-4-3　定位测量终点

3. 使用同种方式，测量计算机屏幕外围对角线尺寸是________cm，如图 6-4-4 所示，与图 6-4-3 相比，APP 界面上多了________。

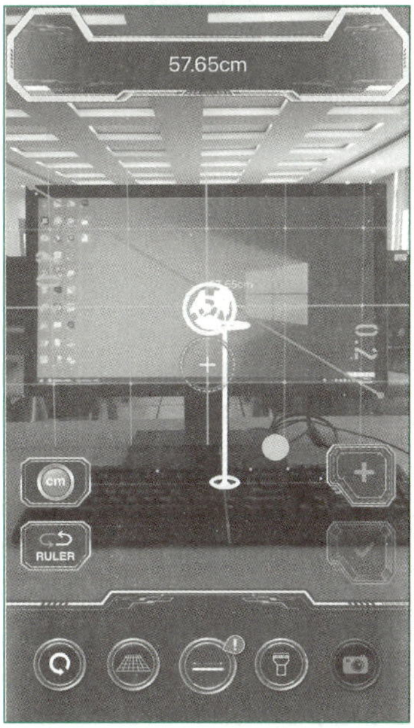

图 6-4-4　测量计算机屏幕外圈对角线长

探一探

打开故宫官网，在底部导航栏中，有一项“V 故宫”，单击之后出现图 6-4-5 所示画面，单击“使用说明”出现如何利用设备进行 VR 体验，请完成体验。

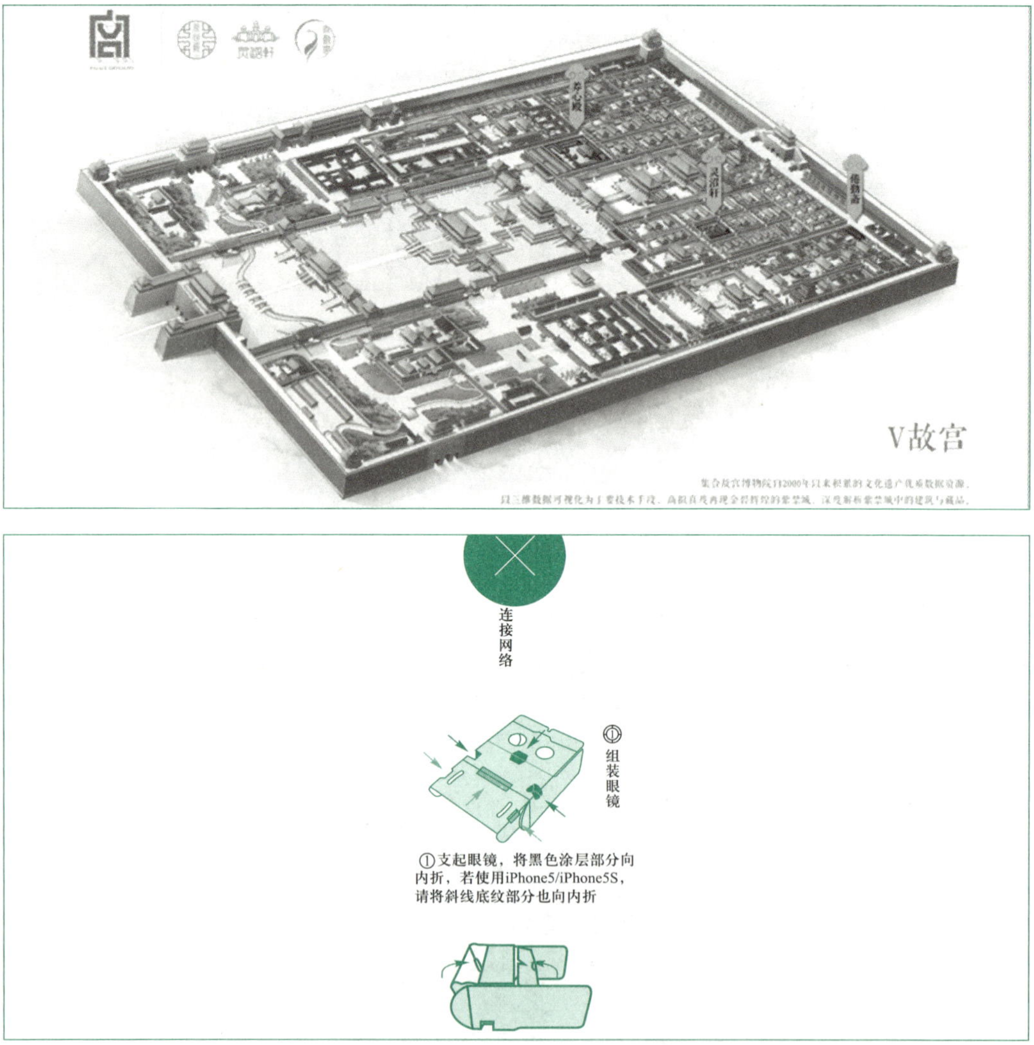

图 6-4-5　“V 故宫”界面

单元测验

一、单项选择题

1. 在多媒体计算机中常用的图像输入设备有（　　）。

① 数码照相机　② 彩色扫描仪　③ 视频信号数字化仪　④ 彩色摄像机

A. ①　B. ①②　C. ①②③　D. 全部

2. 小明在一本彩色杂志上看到一张很有意境的风景图片，他想用来做多媒体素材，他可以采用的方法是（　　）。

A. 裁剪　B. 截屏　C. 拍摄　D. 扫描

3. 使用文字处理软件可更快捷和有效地对文本信息进行加工处理，下列选项中，属于文本加工软件的是（　　）。

A. Photoshop　B. Word　C. WPS 演示　D. IE 浏览器

4. 声音的数字化过程不包括（　　）。

A. 解码　B. 采样　C. 编码　D. 量化

5. 在 Photoshop 中，作为 RGB 颜色模式基本颜色的是（　　）。

A. 红、绿、黄　B. 绿、蓝、紫

C. 蓝、红、橙　D. 红、绿、蓝

6. Photoshop 专用的源文件格式是（　　）。

A. TIF　B. TGA　C. GIF　D. PSD

7. 在 Photoshop 中，文字应用了效果后，下列描述正确的是（　　）。

A. 不可以修改　B. 只能修改文字效果

C. 只能修改文字内容　D. 都可以修改

8. 下列选项中，不属于“变换”选区操作的是（　　）。

A. 缩放　B. 斜切　C. 扭曲　D. 渲染

9. 下列选项中，关于 WPS 演示的描述错误的是（　　）。

A. 可以插入动画　B. 可以插入表格

C. 可以插入录制的声音　D. 可以生成扩展名为 .xlsx 的文件

10. 下列选项中，关于WPS演示中超链接的描述正确的是（　　）。

A. 不能链接到电子邮箱

B. 在图片上不能建立超链接

C. 已建立的超链接，既可以修改也可以删除

D. 在文字上不能建立超链接

二、填空题

1. 通过手机拍摄得到的照片格式一般是________，视频格式一般是________。

2. 数字音频的常用格式有__________、__________、__________（列举三种）。

3. 在Photoshop中，________工具可以选取色彩单一或一致的不规则图像区域。

4. 在WPS中，能做演示文稿的是________。

5. 虚拟现实技术的三大特性：________、________、________。

三、判断题（正确的打“√”，错误的打“×”）

（　　）1. 计算机可以直接对声音信号进行处理。

（　　）2. 音频数字化的三个阶段是采样、量化、编码。

（　　）3. PSD、BMP、JPEG图像格式都是位图格式。

（　　）4. Photoshop是目前应用最广泛的位图图像处理软件之一。

（　　）5. Photoshop同一层中可以实现多个对象的运动动作，不会相互干扰。

（　　）6. 图层就像是一组可以绘制、存放图像的透明电子画布。

（　　）7.《黑神话：悟空》中运用了三维数字动画。

（　　）8. WPS演示中，不能设置对象出现的先后次序。

（　　）9. 虚拟现实常用的建模工具有3ds Max、Maya。

（　　）10. AR能够实现真实环境和虚拟物体在同一空间的叠加。

四、操作题

1. 请描述使用格式工厂将素材文件夹中的所有wma文件转换成MP3格式的操作步骤。

2. 请将素材文件夹中的视频 1 和视频 2 合并为一个 avi 格式的视频文件，使合并后的文件先播放视频 1，后播放视频 2。

3. 请将素材文件夹中视频 3 的音乐换成音效 1，并保存为 avi 格式的文件。

4. 小信参加了“我爱家乡”摄影比赛，学校要求作品以 2×2 或 2×3 的组图形式上交。小信拍摄的照片在素材文件夹中，效果如图 6–5–1 所示，请描述制作符合要求作品的操作步骤。（提示：运用美图秀秀拼图功能）

图 6–5–1　拍摄的照片

5. 请更换天坛祈年殿的背景为蓝天，如图 6–5–2 所示。

提示：

（1）天坛图像宽度设为 800 像素，约束宽高比例；

（2）先抠取祈年殿为单独图层；

（3）将蓝天图像调整大小，放置于祈年殿图像下方作为背景；

（4）为蓝天添加蒙版，使图像更自然；

（5）文件以 jpg 格式保存。

(a) 效果　　(b) 图层

图 6-5-2　更换背景

6. 旅游专业的学校要参加导游讲解比赛，介绍当地的风景名胜，需要制作一份相关的视频，图像和文字素材都已准备齐全。请你根据制作要求，帮助同学们将素材制作成视频。(提示：运用剪映相关功能)

制作要求：

(1) 视频素材按视频 1~视频 8，最后是片尾背景的顺序排列；

(2) 截取要求见表 6-5-1。

表 6-5-1　截 取 要 求

视频	时段 (秒)
视频 1	0′~14′
视频 2	3′~10′
视频 3	7′~18′
视频 4	0′~8′
视频 5	0′~11′
视频 6	3′~17′
视频 7	4′~14′
视频 8	0′~7′

（3）去除各视频原声；

（4）各视频素材间添加转场，样式自定；

（5）结尾添加文本，并对文字添加动画，文本及动画样式自定；

（6）添加背景音乐，调整与图像时长一致，结尾处音乐淡出；

（7）导出视频文件，格式为 mp4。

7. 班级要召开一次防溺水的主题班会，需要有一份有关防溺水安全的演示文稿，班主任找了一些资料，给定了框架，想让信息技术课代表制作。请你根据制作要求，帮助课代表共同完成。

制作要求：

（1）演示文稿框架见表 6–5–2。

表 6–5–2　演示文稿框架

页面	幻灯片数	备注
标题页	1 页	
目录页	1 页	
内容页	10 页	每个小点一页
结尾页	1 页	

（2）各页面版式统一，相同等级的标题文字大小，字体统一；配图选择要与文字内容相关；

（3）添加适当的切换动画和对象动画；

（4）将文件保存为 pptx 格式。

第 7 单元　信息安全基础

7.1　了解信息安全常识

【学习目标】

1. 了解信息安全基础知识与现状，列举信息安全面临的威胁。

2. 了解信息安全相关的法律、政策法规，具备信息安全和隐私保护意识。

任务　初识信息安全

练一练

一、单项选择题

1. 近期，李先生收到一条陌生号码发来的消息，称其网上购买的图书出现异常，要求缴纳保险费用、保证金等，显然李先生的信息遭到了泄露。造成信息泄露的原因可能是（　　）。

A. 使用卖家发送的链接进行购物

B. 付款的银行卡预留了自己的手机号码

C. 使用自己的手机号码开通微信、支付宝支付

D. 使用网银支付，输入手机接收到的验证码

2. 下列行为中，可能危害信息安全的是（　　）。

① 播放录制的微课

② 删除系统文件

③ 扫描陌生人的二维码

④ 安装杀毒软件

A. ①②③　　B. ②③④　　C. ①②　　D. ②③

3. 李某冒用买家身份，骗取客服审核通过后重置账号密码，删改买家的中差评。本案例中影响信息系统安全的行为属于（　　）。

A. 人为因素　　B. 硬件因素　　C. 自然灾害　　D. 系统故障

4. 以下行为中，有助于保护个人信息安全的是（　　）。

A. 在公共 Wi-Fi 网络中进行网上银行操作

B. 设置复杂密码并定期更改密码

C. 在社交媒体上公开分享个人位置信息

D. 下载和安装不明来源的软件

5. 以下法律法规中，与信息安全相关的是（　　）。

A.《中华人民共和国网络安全法》

B.《中华人民共和国劳动法》

C.《中华人民共和国公司法》

D.《中华人民共和国消费者权益保护法》

二、填空题

1. 信息安全指保障信息系统的硬件、________及相关数据不被破坏、更改及泄露，保证信息系统能够连续、可靠、正常地运行。

2. 信息安全的实质就是要保护信息系统或信息网络中的信息资源免受各种类型的________、干扰和破坏，即保证信息的安全性。

3. 由于系统主体和客体的原因，信息系统本身可能存在不同程度的脆弱性，会因可预见或不可预见的原因而面临________、________、________等各方面带来的威胁。

4. 漏洞是指信息系统中的软件、硬件或________中存在缺陷或不适当的配置，从而可使攻击者在未授权的情况下访问或破坏系统，导致信息系统面临安全风险。

5. “自主可控”包括知识产权自主可控、能力自主可控、________自主可控等多个层面。

6. ________是以电子或其他方式记录的能够单独或者与其他信息结合识别特定自然人的各种信息。

三、判断题（正确的打“√”，错误的打“×”）

（　　）1. 当你收到一个陌生人通过社交媒体平台发送的好友请求，自称是某知名公司的员工，可以帮助你解决一些问题，你应该马上通过申请。

（　　）2. 可以任意连接公开的 Wi-Fi 网络。

（　　）3. 扫描不明来源的二维码时，不会有信息安全隐患。

（　　）4. 办理网络业务时，可以直接上传身份证扫描件备案。

（　　）5. 当你在浏览网页时遇到弹窗广告，显示你赢得了大奖并要求下载程序，你应该立即下载以确保不丢失奖励。

做一做

某校学生小刘在与朋友聊天时，突然收到好友小张发来的消息，想跟他借钱。于是，他与小张进行了视频通话，看到确实是小张本人，但小张表示通话信号不佳，很快中断了视频通话。小刘觉得对方就是小张本人，便向对方发过来的账户转了钱。事后，小刘想起看过的反诈宣传，赶紧打电话确认，才发现被骗了。

1. 小刘在与好友视频通话时，看到了对方的影像，这种骗局可能利用的技术是（　　）。

A. 钓鱼攻击　　B. 口令攻击　　C. AI 换脸　　D 中间人攻击

2. 为了避免类似被骗情况，小刘应采取的措施是（　　）。

A. 不使用公共 Wi-Fi　　B. 不随意单击陌生链接

C. 通过多种渠道验证对方身份　　D. 定期更改密码

3. 验证身份的正确方法是（　　）。

A. 仅依赖视频通话

B. 通过多种渠道验证对方身份，如电话、社交媒体等

C. 询问对方一些个人隐私问题

D. 只通过短信确认

探一探

1. 查询手机应用权限，通过网络搜索了解权限的作用，并关闭有安全风险的权限，填写表 7–1–1。

表 7–1–1　应 用 权 限

手机应用	开设权限	可关闭权限	关闭原因
微信			
支付宝			
抖音			
今日头条			
淘宝			
腾讯视频			

2. 通过网络搜索手机安全设置的功能，填写表 7–1–2。

表 7–1–2　手机安全设置

序号	功能	简述作用或安全隐患
1	锁屏设置	
2	软件权限设置	
3	开启“手机丢失”功能	
4	浏览器无痕浏览	
5	导航类软件关掉“我的足迹”	
6	禁止安装不明来源软件	

7.2 防范信息系统恶意攻击

【学习目标】

1. 了解网络安全等级保护和数据安全等相关的信息安全制度和标准。

2. 了解常见信息系统恶意攻击的形式和特点，初步掌握信息系统安全防范的常用技术方法。

任务 1 了解信息安全制度和标准

练一练

一、单项选择题

1. 网络安全等级保护制度 2.0 标准的重点是（　　）。

A. 提高网络速度　　B. 保护国家关键信息基础设施

C. 增加数据存储空间　　D. 提供免费网络服务

2. 为了保证公司网络安全，公司决定采用数据备份策略。（　　）策略是在完全备份的基础上，只备份新的或被修改过的数据。

A. 完全备份　B. 增量备份　C. 差量备份　D. 实时备份

3. 如果发现公司计算机操作系统和应用软件的自动更新功能被关闭了，为了提高安全性，应该采取的措施是（　　）。

A. 手动更新软件

B. 打开自动更新功能并及时安装补丁

C. 禁用所有软件

D. 重装操作系统

4. 在进行网络安全等级保护时，企业应按照（　　）来分级。

A. 用户数量

B. 网络带宽

C. 系统重要性和可能受到的威胁程度

D. 存储容量

5. 一些同事经常使用弱口令密码登录办公系统，这使得系统容易受到攻击。以下措施中，可以有效防止口令攻击的是（　　）。

A. 使用简单的数字密码　　B. 设置复杂密码并定期更换

C. 记录密码在公开场所　　D. 重复使用同一个密码

二、填空题

1. 安全保护等级根据________、________来确定，分为 5 级。

2. 在使用信息设备时，建议从正规商家或官方网站购买或下载软件，不使用________软件，防止因软件不安全导致的系统漏洞和信息泄露。

3. 数据备份策略中，________备份是指每次只备份与首次备份发生变化的数据。

4. 为了防止信息系统中的数据被破坏，可以采用________技术，把被保护的信息转换为密文，然后再存储或传输。

三、判断题（正确的打“√”，错误的打“×”）

（　　）1. 公司为了保护重要数据，决定采用“两地三中心”的容灾备份方案，即在同城和异地分别设置数据备份中心。这种方法可以有效提高数据的安全性和业务连续性。

（　　）2. 为了提升公司网络安全，决定实行网络安全等级保护制度，并按照系统的重要性和可能受到的威胁程度进行分级保护。这种做法是合理的。

（　　）3. 随着数字化社会的到来，很多资料都存放在计算机中，因此定时对资料备份至关重要，目前可以通过云备份、移动硬盘等进行备份。

做一做

小明是一名中职学生，他在家里使用自己的计算机进行学习和娱乐。最近，小明发现他的计算机频繁弹出广告窗口，不论是在浏览网页、编辑文档还是观看视频时，这些广告都会突然出现，并且即使他关闭了广告窗口，它们也会很快再次弹出。小明尝试了多种方法，包括重启计算机和清理浏览器缓存，但问题依然存在。这种情况让小明感到非常困扰。

1. 请根据材料完成以下题目。

（1）小明在使用计算机时不断弹出广告窗口，即使关闭了也会重新出现。这种情况最常见的原因是（　　）。

A. 系统更新不及时

B. 网络连接不稳定

C. 计算机被恶意代码感染

D. 浏览器版本过低

（2）以下方法中，可以帮助小明清除这些广告的是（　　）。

A. 重启计算机　　B. 运行杀毒软件进行全面扫描

C. 更换浏览器主题　　D. 断开网络连接

（3）小明在尝试清除广告时，发现浏览器中安装了许多未知来源的插件，以下选项中，最恰当的做法是（　　）。

A. 禁用所有浏览器插件

B. 手动删除可疑的浏览器插件

C. 清理浏览器缓存和历史记录

D. 恢复浏览器默认设置

（4）小明清除了广告后，发现系统运行速度依然缓慢，可能存在的问题是（　　）。

A. 浏览器缓存未清理　　B. 硬盘空间不足

C. 显示设置问题　　D. 网络连接问题

（5）为了避免未来再次受到类似恶意代码的感染，小明应该采取的预防措施是（　　）。

A. 只从官方网站或可信来源下载软件

B. 定期更新操作系统和浏览器

C. 安装和使用可信的反病毒和杀毒软件

D. 以上全部

（6）你会采取哪些预防措施，以避免未来再次受到类似恶意代码的

感染？____

2. 请同学们对自己的计算机进行安全检查和配置。

（1）为自己的计算机账户设置一个包含大小写字母、数字和特殊字符的复杂密码。设置密码的第一步是单击“开始”菜单，然后单击“设置”按钮，在弹出的“设置”窗口中单击________选项，再在弹出的窗口中，单击左侧的________设置登录密码，如 I1ikeC@ke2024（采用字符替换法）。

（2）通过网络查找几种设置密码的方法，使密码既安全又容易记忆，填在表 7-2-1 中。

表 7-2-1　设置密码的方法

方法	密码示例
分段记忆法：将密码分成若干部分，每部分都有特定的意义或关联	Q1W2E3

（3）在生活中我们经常会使用 WPS 办公软件，请尝试对 WPS 文字、WPS 演示文稿、WPS 表格设置“密码加密”。

对以下操作步骤进行排序：____________________

① 输入你希望设置的密码，并在确认密码框中再次输入相同的密码。

② 单击页面顶部的“文件”下拉按钮。

③ 单击“应用”按钮来保存设置。

④ 在下拉菜单中选择“文档加密”→“密码加密”命令。

⑤ 打开 WPS 文字文档。

（4）利用第三方压缩软件为压缩包添加压缩密码，并记录操作步骤。

____

____

____

探一探

在数字化时代，手机已经成为我们生活中必不可少的一部分，其安全性至关重要。而手机密码作为第一道防线，其强度直接关系到个人信息的安全性。如果手机密码设置过于简单，黑客可能会轻易攻破，从而获取敏感信息，造成严重的安全威胁。

1. 密码等级可按一定规则进行计分，并根据不同的得分为密码划分安全等级。根据密码使用情况，进行自我评分，为电子设备的密码划分安全等级，填写表 7–2–2。

表 7–2–2 电子设备密码等级自评表

序号	计分规则		自我测评分值
1	密码长度	5 分：小于等于 4 个字符 10 分：5～7 字符 25 分：大于等于 8 个字符	
2	字母	0 分：没有字母 10 分：全都是小（大）写字母 25 分：大小写混合字母	
3	数字	0 分：没有数字 10 分：1 个数字 20 分：多个数字	
4	符号	0 分：没有符号 10 分：1 个符号 25 分：多个符号	
5	附加	2 分：包含字母和数字 3 分：包含字母、数字和符号 5 分：包含大小写字母、数字和符号	
合计总分			

评分等级						
90～100	80～89	70～79	60～69	50～59	25～49	0～24
非常安全	安全	非常强	强	一般	弱	非常弱

2. 搜索网络安全等级保护制度的具体内容，填入图 7-2-1 框内。

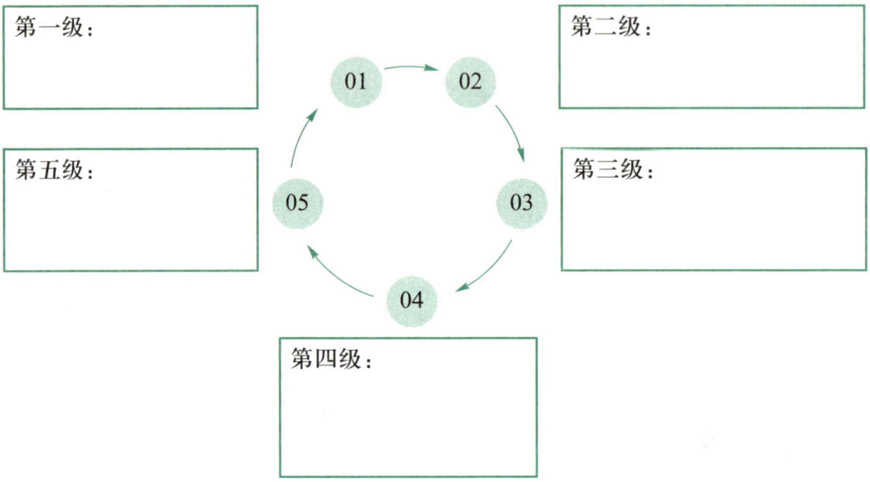

图 7-2-1 网络安全等级

3. 通过网络了解目前市面上常见的云盘产品，填写表 7-2-3。

表 7-2-3 常见的云盘产品

云盘名称	免费容量	特点
百度云盘	100 GB	功能包括文件加密、离线下载等，适合需要下载大文件或热门资源的用户

任务 2 辨别常见的恶意攻击形式并掌握防范技巧

练一练

一、单项选择题

1. 在公司内部网络中，发现多台计算机同时遭受了大量的垃圾邮件攻击，邮件中包含恶意链接。这种攻击形式被称为（　　）。

A. 钓鱼攻击　　B. 蠕虫攻击

C. 僵尸网络攻击　　D. 拒绝服务攻击

2. 公司发现多个员工账户在未授权的情况下被访问，可能是由于员工使用了相同的弱密码。这种攻击形式被称为（　　）。

A. 口令攻击　　B. SQL 注入攻击

C. 中间人攻击　　D. 社会工程学攻击

3. 某公司服务器突然接收到大量请求，导致服务瘫痪，经过调查发现是由多个 IP 地址发起的。这种攻击形式被称为（　　）。

A. 钓鱼攻击　　B. 拒绝服务攻击（DoS）

C. 分布式拒绝服务攻击（DDoS）　　D. 恶意代码攻击

4. 在浏览某些网站时，浏览器提示下载并安装某插件，但该插件被检测到包含恶意代码。这种恶意代码被称为（　　）。

A. 蠕虫　　B. 木马　　C. 病毒　　D. 僵尸程序

5. 公司发现其数据在传输过程中被第三方拦截和篡改。这种攻击形式被称为（　　）。

A. 中间人攻击　　B. SQL 注入攻击

C. 口令攻击　　D. 社会工程学攻击

二、填空题

1. 常见的信息系统恶意攻击形式包括口令攻击、________攻击和拒绝服务攻击（DoS）。

2. 信息系统安全防范的常用技术方法包括身份验证、________和使用防火墙。

3. 常见的恶意代码包括病毒、________、蠕虫和僵尸程序。

4. 拒绝服务攻击（DoS）是向某一目标信息系统发送密集的攻击包，或执行特定攻击操作，以期致使目标系统________。

5. 在信息系统中，________是确保通信双方的身份真实性和信息完整性的重要技术手段，可以有效防止中间人攻击和数据篡改。

三、判断题

（　　）1. 小信在邮箱中收到一封陌生邮件，邮件中有一个声称来自银行的链接，要求他更新账户信息，他单击链接并在打开的网站中输入了个人信息。这种情况可能是钓鱼攻击。

（　　）2. 公司为了保护网络安全，使用了复杂的身份验证机制，包括双因子验证，这可以有效防止大部分的口令攻击。

（　　）3. 在家中使用无线网络，但从未更改过默认的网络名称和密码。这种情况下，家庭网络很容易被黑客攻破。

（　　）4. 小信发现他的计算机运行速度变慢，经常崩溃，且无故弹出广告窗口。出现这种情况可能是计算机感染了病毒。

（　　）5. 公司决定不再更新其防火墙软件，因为他们认为目前的防火墙已经足够安全。这种做法是合理的。

做一做

在当今数字时代，互联网已成为我们生活中不可或缺的一部分。无论是学习、购物还是社交，都离不开各类在线服务账号。为了方便记忆，小张在所有在线服务中都使用了相同的密码。不久前，其中一个安全性较低的网站遭到黑客攻击，用户数据泄露。由于小张在其他重要服务中也使用了相同的密码，黑客轻松访问了他所有的账户，导致小张的个人隐私遭受了严重的侵犯。

为了解决多账号和复杂密码管理的问题，现代信息系统引入了各种加密技术和便捷的登录方式，如手机验证码快捷登录和人脸识别登录等，这些方法既方便又安全。

1. 请根据以上材料完成以下题目。

（1）小张发现自己的账号被黑客入侵，黑客可能使用的技术是（　　）。

A. 口令攻击　　B. 钓鱼攻击

C. 恶意代码攻击　　D. 以上所有

（2）为了避免类似小张的情况发生，公司决定采用双因子验证，来提高账户安全性。以下方法中，属于双因子验证的是（　　）。

A. 只使用密码登录　　B. 使用密码和手机验证码登录

C. 使用生日作为密码　　D. 只使用指纹识别登录

（3）将以下措施按“身份验证”“数据加密”和“使用防火墙”三种安全技术进行分类，填入表 7-2-4。

① 使用包含大小写字母、数字和特殊字符的复杂密码；② 双因子验证；③ 使用加密消息应用；④ 定期更换密码；⑤ 设置家庭路由器防火墙；⑥ 使用智能卡进行身份验证；⑦ 生物识别技术；⑧ 磁盘加密；⑨ 设置操作系统防火墙；⑩ 使用 VPN 保护公共 Wi-Fi 连接；⑪ 端到端加密；⑫ 设置安全软件防火墙。

表 7-2-4　安全防范技术分类

安全防范技术	具体选项
身份验证	
数据加密	
使用防火墙	

（4）将左侧的攻击形式与右侧的防范措施正确连线。

钓鱼攻击	A. 使用参数化查询和预编译语句
恶意代码攻击	B. 安装并定期更新杀毒软件
拒绝服务攻击（DoS）	C. 使用加密协议（如 HTTPS）
中间人攻击	D. 使用反钓鱼工具和浏览器的钓鱼防护功能
SQL 注入攻击	E. 配置防火墙和入侵检测系统

2. 通过以下方法，解决弹窗广告。

（1）将以下解决方案归类到表 7-2-5 相应的类别中。

① 安装广告拦截插件；② 使用安全管理软件卸载恶意插件；③ 不打开未知链接；④ 启用防火墙；⑤ 重新调整浏览器安全设置。

表 7-2-5　弹窗广告应对措施

类别	解决方案
预防措施	
反应措施	

（2）通过网络搜索，还有哪些应对措施，填在下方横线处。

____

探一探

1. 通过网络搜索新型身份识别技术及其特征。

（1）人脸识别：______________________________

（2）指纹识别：______________________________

（3）______________________________

（4）______________________________

2. 通过网络搜索杀毒软件，填写表 7-2-6。

表 7-2-6　杀毒软件主要功能

杀毒软件	主要功能
360 安全卫士	
腾讯电脑管家	
金山毒霸	
卡巴斯基安全软件	
瑞星杀毒软件	
火绒安全软件	

单元测验

一、单项选择题

1. 在生活中设置计算机密码、手机密码时，（　　）对于提高密码复杂度最为有效。

A. 增加长度　　B. 大小写字母混合

C. 包含特殊字符　　D. 频繁更改密码

2. 你收到一封陌生寄件人发送的邮件，标题为“单击即可获得免费礼品”，邮件内容里附有一个未知链接。你应该（　　）。

A. 立即单击链接查看礼品详情

B. 将该邮件标记为垃圾邮件并删除

C. 回复邮件确认是否属实

D. 将邮件转发给朋友确认是否安全

3. 使用公共无线网络时，最有效保护数据安全的措施是（　　）。

A. 关闭自己设备的蓝牙和 Wi-Fi 功能

B. 使用 VPN 连接到互联网

C. 定期更改密码和更新防病毒软件

D. 在网上进行敏感操作时避免使用公共无线网络

4.（　　）可能会导致计算机受到网络攻击。

A. 使用强密码且定期更改

B. 公开在社交媒体上分享自己的生日和联系方式

C. 定期更新操作系统和防病毒软件

D. 避免连接未知的 Wi-Fi 网络

5. 提高密码的复杂度的原因是（　　）。

A. 防止被破解

B. 符合密码要求

C. 系统强制要求

D. 能防止破解程序工作

6. 以下选项中，不属于信息安全所面临的威胁的是（　　）。

A. 黑客的恶意攻击

B. 恶意网站设置的陷阱

C. 信息访问需要付出高昂的费用

D. 用户上网产生的不良行为

7. 以下关于计算机病毒的说法中，错误的是（　　）。

A. 计算机病毒能够自我复制并传播

B. 计算机病毒具有潜伏性

C. 计算机病毒是因操作者误操作产生的

D. 将 U 盘格式化能够清除 U 盘中的病毒

8. 网络安全保护等级中每一等级的安全要求不包括（　　）。

A. 云计算安全拓展要求　　B. 大数据安全拓展要求

C. 移动互联安全拓展要求　　D. 物联网安全拓展要求

9. 以下选项中，不属于常用信息系统备份策略的是（　　）。

A. 完全备份　　B. 增量备份

C. 移动硬盘备份　　D. 差量备份

10. 影响计算机网络安全的因素主要有（　　）。

A. 人为的无意失误、人为的恶意攻击、网络软件的漏洞和“后门”

B. 人为的无意失误、人为的恶意攻击、管理混乱

C. 人为的无意失误

D. 管理混乱

二、填空题

1. ________是指信息系统中的软件、硬件或通信协议中存在缺陷或不适当的配置，从而使攻击者在未授权的情况下访问或破坏系统。

2. 信息安全的基本属性包括__________、__________、__________、________和不可否认性。

3. 不能自主掌握________是信息安全的最大隐患。

4. 保密性是指严密控制各个可能泄密的环节，是信息在________、

________、处理和存储的各个环节不泄露给非授权的实体或个人。

5. 信息系统安全面临的主要威胁有________、________、________等方面。

6. 网络谣言是指通过________传播的、没有事实依据、带有不可告人目的的虚假信息。

7. ________是黑客通过收集互联网已泄漏的用户和密码信息，生成对应的字典表，然后尝试批量登录其他网站。

8. ________是黑客常用的入侵方法之一。

9. 木马按照其功能可分为________、________、________、________等。

10. 计算机病毒具有________、________、________、________、________、表现性或破坏性等特征。

11. 移动互联网恶意代码存在的恶意行为包括________、________、________、________等。

12. 设置密码既要复杂，又要便于记忆，可以通过________、________、________等方法来实现。

13. 常用的信息安全技术有________、________和设置防火墙等。

14. 信息系统的数据备份根据需要可以分为__________、__________、________。

三、判断题（正确的打“√”，错误的打“×”）

（　　）1. 下载来自不明来源的软件是导致计算机感染病毒的主要原因之一。

（　　）2. 使用未经授权的 U 盘或移动硬盘连接计算机会增加感染计算机病毒的风险。

（　　）3. 关闭防病毒软件可以使计算机更安全、快速地运行。

（　　）4. 单击随机弹出的广告链接可能导致计算机感染恶意软件。

（　　）5. 更新操作系统和安全补丁可以提高计算机抵御病毒攻击的能力。

（　　）6. 使用相同的密码在多个网站注册账户是安全的做法，只要密码复杂度足够高即可。

（　　）7. 在公共场所使用免费的 Wi-Fi 网络进行网上购物或银行操作时，存在信息被窃取的风险。

（　　）8. 信息安全的“保密性”指的是信息在存储、传输和处理过程中，不泄露给未授权的实体或个人。

（　　）9. 只有政府部门和大型企业才需要担心信息安全，小型企业和个人不需要关注这些问题。

（　　）10. 安装防火墙可以帮助阻止未经授权的访问，但仍需定期更新和修补系统漏洞。

（　　）11. 如果某个应用程序要求过多权限（如访问通信录、位置等），应当谨慎对待，并考虑关闭不必要的权限。

（　　）12. 将银行卡和身份证照片存储在手机相册中是安全的，因为只有手机用户本人可以访问这些照片。

（　　）13. 定期备份手机中的重要数据，如照片和联系人信息，可以防止数据丢失，即使手机丢失或损坏也能恢复数据。

（　　）14. 当发现自己个人信息可能被泄露时，立即更改相关账户的密码并通知相关机构是最有效的应对措施。

（　　）15. 使用密码管理器可以安全地管理多个账户密码，避免使用相同密码带来的安全隐患。

四、操作题

1. 尝试使用文件加密程序，为重要的文件设置密码。

2. 尝试对压缩文件设置密码。

3. 近年来，随着我国自主研发能力的不断增强，国产软件正逐步成为国家数据安全、网络安全以及新基建的重要组成部分。尝试搜索网络了解国产的操作系统、安全软件、办公软件、浏览器等并将它们与国外软件对比，记录下各自的特点与区别。

第 8 单元　人工智能初步

8.1　初识人工智能

【学习目标】

1. 了解人工智能的发展和应用，认识人工智能对人类社会发展的影响。

2. 了解并体验人工智能应用。

3. 了解人工智能的基本原理。

任务　了解并体验人工智能

一、单项选择题

1. 在金融领域，银行利用人工智能技术进行信用评分和风险评估，主要运用的技术是（　　）。

A. 线性回归　　B. 自然语言处理

C. 机器学习　　D. 网络爬虫

2. 某科技公司推出了一款可以自动生成新闻文章的 AI 工具，主要运用的技术是（　　）。

A. 计算机视觉　　B. 自然语言处理

C. 机器人　　D. 语音识别

3. 在医疗领域，AI 技术可以帮助医生分析病人的医学影像，发现疾病，主要运用的技术是（　　）。

A. 计算机视觉　　B. 自然语言处理

C. 数据库管理　　D. 语音识别

4. 智能家居设备如语音助手，可以通过语音命令控制家电，主要运用的技术是（　　）。

A. 计算机视觉　　B. 自然语言处理

C. 数据挖掘　　D. 语音识别

5. 自动驾驶汽车实时分析道路情况和做出决策，主要运用的技术是（　　）。

A. 自然语言处理　　B. 深度学习

C. 数据库管理　　D. 云计算

二、填空题

1. 人工智能的英文简称为________。

2. 机器学习按照学习形式一般可分为________、________和________。

3. ________是通过对人、车、物、事件、基础设施等感知对象多维时空信息的全面感知、高效共享，对感知信息的融合、挖掘、处理，提升现代城市管理的应急能力和服务水平的管理技术。

4. ________是部分网站应用自然语言识别技术为用户提供的在线服务。

三、判断题（正确的打“√”，错误的打“×”）

（　　）1. 阿尔法狗（AlphaGo）采用的是基于规则推理的算法。

（　　）2. 深蓝（Deep Blue）和阿尔法狗的技术原理相同。

（　　）3. 人工智能技术在农业领域的应用可以实现智慧农场。

（　　）4. 人工智能可以应用于智能工厂，实现生产过程的优化和自动化。

（　　）5. 机器学习的有监督学习方式不需要人工标注数据。

（　　）6. 通过语音识别软件能进行语音搜索、发送语音消息等功能。

（　　）7. 目前的手机或计算机能用人脸识别技术进行解锁。

（　　）8. 智能导购系统能根据你的购物记录和喜好推荐商品。

（　　）9. 现在的人工智能图像识别技术能够识别照片中的建筑物类型、位置等。

（　　）10. 人工智能语音识别技术在电话客服中能够帮助客户快速解决问题并提高工作效率。

做一做

人工智能技术已经深入到我们的日常生活中，从语音助手到智能家居，再到智能推荐系统，这些技术都在改变我们的生活方式。

1. 使用天猫精灵或者小爱音响，与人工智能对话，玩“猜人物”游戏，记录人工智能能否猜中你所想的内容。

你所想的人物名称是________，人工智能猜的是________。

2. 利用百度识图功能识别图 8-1-1 花卉，它的名称是________，是________（填国家名称）的国花。

图 8-1-1　花卉

3. AI 生成图像技术已经在艺术创作、广告设计、教育等多个领域得到广泛应用。不同的 AI 工具在生成图像的质量、风格和响应速度上各有不同。通过生成柳宗元的《江雪》对比以下几款 AI 工具文生图功能优缺点，填写表 8-1-1。（诗句：千山鸟飞绝，万径人踪灭。孤舟蓑笠翁，独钓寒江雪。）

表 8-1-1　AI 工具对比

AI 工具	文心一言	通义万象	豆包	智谱清言
图像质量	图像清晰			
风格一致性	符合诗词意境			
创意和表现力	表现力一般			
响应速度	30 秒左右			

4. 利用剪映图文成片功能完成古诗《江雪》的创作视频。

① 利用剪映图文成片的功能中的“自由编辑文案”，输入《江雪》诗句。

② 利用创作好的文案生成视频。

③ 课堂上展示播放，分享交流创作经验。

5. 很多人工智能技术公司都推出了相对成熟的服务，这些服务都依赖于哪些技术？请填写表 8-1-2。

① 深度学习；② 图像识别；③ 自然语言处理；④ 机器学习；⑤ 计算机视觉；⑥ 传感器融合；⑦ 大数据分析；⑧ 语音识别；⑨ 视频分析；⑩ 行为分析；⑪ 物联网；⑫ 语音控制。

表 8-1-2　人工智能服务依赖的技术

人工智能服务	依赖的技术
语音合成	
语音唤醒	
文字识别	
机器翻译	
智能营销	
增强现实	
教育教学	
医疗诊断	

6. 请讨论以下问题。

（1）当前人工智能不能替代人类的哪些部分？

（2）人工智能的优势是什么？弱势是什么？

探一探

请根据以下步骤，体验人工智能生成内容（AIGC）的过程。

1. 选择工具：打开一个生成式人工智能工具，如文心一言、豆包、通义千问、讯飞星火、天工 AI 等。

2. 输入提示：输入一个您感兴趣的主题或问题，如“写一篇关于人工智能如何应用在日常学习中的文章”。

3. 生成内容：等待 AI 生成一段文章或回答。

4. 分析结果：阅读 AI 生成的内容，并思考以下问题：

（1）AI 生成的内容是否符合您的预期？______________________

（2）内容的质量如何？是否有逻辑性和连贯性？

____

（3）您认为 AI 生成的内容可以在哪些方面改进？

____

5. 记录过程：请将使用的 AI 生成内容工具、输入的提示和生成的内容，以及对生成内容的评价和改进建议记录下来，并与同学们分享体验。

6. 尝试创作：使用选择的 AI 工具，创作一幅与专业相关的作品，如一篇论文、一幅设计图、一段代码等。

7. 交流与分享：与同学们交流使用的平台和方法，参考以下问题，讨论各自的体验和收获。

（1）未来人工智能在教育领域的应用还可能有哪些新的发展方向和应用场景？

____

（2）结合专业，AI 技术在专业领域中有哪些潜在的应用场景和发展前景？

____

（3）可以通过哪些创新方式来提高人工智能生成内容的质量和实用性？

____

8. 畅想未来，人工智能能为我们做什么？填写表 8–1–3。

表 8–1–3　人工智能应用

领域	人工智能能做什么？
生活方面	烹饪机器人实现自动做饭； 家庭保姆机器人，管理家庭； ________ ________ ________
出行	________ ________ ________
办公	________ ________ ________
教育	________ ________ ________
服务	________ ________ ________
生产	________ ________ ________
社会安全	________ ________ ________

8.2 探寻机器人

【学习目标】

了解机器人技术的发展和应用。

任务 走近机器人与畅想未来世界

练一练

一、单项选择题

1. 以下选项中，不是机器人通常的组成部分的是（　　）。

A. 机械机构　　B. 驱动机构

C. 传感装置　　D. 电池管理系统

2. 以下选项中，不属于机器人技术广泛应用领域的是（　　）。

A. 工业自动化　　B. 农业种植

C. 家庭烹饪　　D. 医疗手术

3. 以下选项中，不属于机器人三项原则的是（　　）。

A. 机器人不得伤害人类，或坐视人类受到伤害

B. 机器人必须服从人类的命令，除非这条命令与 A 相矛盾

C. 机器人必须保护自己，除非这种保护与 A、B 两条相矛盾

D. 机器人不能保护自己，需要无条件服从人类

4. 机器人的（　　）相当于人的眼睛和耳朵，为机器人在相关的环境中完成工作提供检测信息。

A. 机械机构　　B. 驱动系统　　C. 传感装置　　D. 控制系统

5. 第一代机器人最主要的特点是（　　）。

A. 带传感器　　B. 能进行自我学习

C. 示教再现　　D. 具有自主决策能力

6. 特种机器人不包括（　　）。

A. 服务机器人　　B. 娱乐机器人

C. 工业机器人　　D. 水下机器人

二、填空题

1. 机器人技术在________领域中，如自动化生产线，提高了生产效率和质量。

2. 我国机器人从应用环境出发，分为________和特种机器人。

3. 在________领域，机器人如手术机器人，可以协助医生进行精确的手术操作。

4. 机器人技术在________中，如无人机播种和监测，帮助提高农业生产效率。

5. 机器人三项原则由科幻作家提出，为机器人的________和________划定了三条基本红线。

6. 特种机器人包括________、________和________等。

三、判断题（正确的打“√”，错误的打“×”）

（　　）1. 机器人服务员在酒店中可以完成引导、送物等任务，但它们无法处理复杂的人际交互。

（　　）2. 机器人在医疗领域仅限于手术操作，不涉及康复训练和护理工作。

（　　）3. 机器人三项原则是机器人设计的强制性法规，所有机器人必须严格遵守。

（　　）4. 机器人技术在教育领域中，可以用于远程教学和智能辅导。

（　　）5. 机器人技术的发展完全消除了人类工作，实现了全面自动化。

做一做

当小信步入酒店大堂，一个高科技的智能机器人前来迎接。机器人通过语音识别技术询问姓名和预订信息，并立即在系统中查找订单。随后，帮小信搬运行李并引导到房间。到达房间后，机器人会介绍房间内的各项设施和服务，如智能家居控制系统、电视娱乐、客房送餐服务等。通过语音指令或触摸屏幕与机器人互动，可以询问附近的旅游景点、推荐餐厅或预订出租车等。晚上，当回到房间时，机器人已经准备好热水、拖鞋等，让小信感觉宾至如归。

1. 根据以上材料回答以下题目。

（1）机器人在酒店中主要扮演的角色是（　　）。

A. 客房服务员　　B. 前台接待

C. 餐厅厨师　　D. 清洁工

（2）以下选项中，不属于酒店智能机器人提供的主要服务的是（　　）。

A. 介绍周边景点　　B. 预约餐厅

C. 提供医疗救助　　D. 客房送餐

（3）材料中的机器人体现了人工智能在（　　）领域的应用。

A. 工业　　B. 医疗

C. 教育　　D. 服务业

（4）你认为智能机器人在酒店业的广泛应用可能会带来哪些潜在问题？

____

____

Ameca 是一个人形机器人，具备逼真的面部表情和肢体动作。它能够与人类进行互动，回答问题并做出情感表达。Ameca 利用生成式 AI 技术，能够更自然地与人类交流。这款机器人在 2024 年的移动世界大会（MWC）上展示了其先进的功能和潜力。

2. 根据以上材料回答以下题目。

（1）Ameca 的设计定位主要是（　　）。

A. 工业生产　　B. 社会互动和服务

C. 医疗辅助　　D. 军事用途

（2）Ameca 在与人类互动时，能够做到（　　）。

A. 高速数据处理　　B. 情感表达和语音交互

C. 高强度物体搬运　　D. 精密手术操作

3. 嫦娥六号月球探测器在微博上“发言”：“大家好，我是嫦娥六号，现在我正在月球上挖土。”搜索网络回答以下题目。

（1）嫦娥六号的主要科学任务是（　　）。

A. 研究月球的地质和历史　　B. 探测火星的气候

C. 研究太阳活动　　D. 探索外太阳系

（2）嫦娥六号能够在月球上“挖土”主要依赖于机器人的哪些技术？

探一探

1. 列举人工智能应用场景与作用，填入表 8-2-1 中。

表 8-2-1　人工智能应用场景

序号	应用场景	作用或识别特征
1	手机助手	
2	以图识图	
3	智能音箱	
4	智能外呼机器人	
5	声纹识别	
6	语音翻译	
7		
8		
9		

2. 上网搜索本专业机器人的应用现状，制作一份演示文稿与大家分享。

3. 观看一部与机器人相关的科幻电影，思考如果机器人具有自我意识时可能会给人类社会带来怎样的变化。

单元测验

一、单项选择题

1. 人工智能在医疗领域的应用包括（　　）。

A. 疾病诊断　B. 药物研发　C. 健康管理　D. 以上全是

2. 下列选项中，不属于自然语言处理应用的是（　　）。

A. 机器翻译　B. 人脸识别　C. 文本分类　D. 语音识别

3.（　　）技术是推动无人驾驶汽车发展的关键。

A. 3D 打印　B. 自动驾驶　C. 视觉识别　D. 车况判断

4. 下列选项中，属于人工智能应用场景的是（　　）。

A. 防盗网　B. 以图识图　C. 无人驾驶　D. 语言翻译

5. 人工智能的英文简写是（　　）。

A. CAD　B. BBA　C. AI　D. CAM

6. 机器人三项原则中，机器人必须（　　）人类。

A. 控制　B. 服从　C. 保护　D. 伤害

7. 可以使用（　　）实现深海作业。

A. 潜水艇　B. 深海机器人　C. 探测器　D. 海底电缆

8. 机器人的发展可以分为三代，第三代机器人是（　　）。

A. 示教再现机器人　B. 传感机器人

C. 酒店机器人　D. 智能机器人

9. 扫地机器人属于（　　）。

A. 示教再现机器人　B. 传感机器人

C. 智能机器人　D. 不属于机器人

10. 有监督学习可以通过各种算法，训练计算机识别带标签数据，即训练出一个（　　）。

A. 数据库　B. 专家库　C. 模型　D. 程序

11.（　　）是机器人的本体，是机器人赖以完成作业任务的执行机构。

A. 机械结构　B. 驱动结构　C. 传感装置　D. 控制系统

二、填空题

1. ________是人工智能的核心内容。

2. 让计算机充满智慧，需要让计算机学会________。

3. ________介于有监督学习与无监督学习之间。

4. 1950 年，计算机科学家________提出了“图灵测试”。

5. 1956 年，________会议上提出“人工智能”，标志着人工智能学科的诞生。

6. 工业机器人是面向工业领域的________或多自由度机器人。

7. 玉兔________月球车于 2019 年 1 月 3 日驶抵月球背面，首次实现人类探测器在月球背面着陆。

三、判断题（正确的打“√”，错误的打“×”）

（　　）1. 人工智能最终将取代人类，因此要限制其发展。

（　　）2. 太空机器人需要更加智能化，才能在太空行走。

（　　）3. 扫地机器人不属于机器人范畴。

（　　）4. 机器人的发展受到计算机技术和人工智能等领域的影响，越来越多地应用于生产、服务和科研领域。

（　　）5. 机器人的发展已经完全取代了人类在生产劳动中的作用，实现了全自动化的生产模式。

四、思考题

1. 简述人工智能的应用场景与发展趋势。

2. 发挥自己的想象，思考机器人是否能具有思维，并说明理由。

读者意见反馈

为收集对教材的意见建议，进一步完善教材编写并做好服务工作，读者可将对本教材的意见建议通过如下渠道反馈至我社。

咨询电话　400-810-0598

反馈邮箱　zz_dzyj@pub.hep.cn

通信地址　北京市朝阳区惠新东街4号富盛大厦1座　高等教育出版社总编辑办公室

邮政编码　100029

防伪查询说明

用户购书后刮开封底防伪涂层，使用手机微信等软件扫描二维码，会跳转至防伪查询网页，获得所购图书详细信息。

防伪客服电话　（010）58582300

学习卡账号使用说明

一、注册/登录

访问 https://abooks.hep.com.cn，点击“注册/登录”，在注册页面可以通过邮箱注册或者短信验证码两种方式进行注册。已注册的用户直接输入用户名加密码或者手机号加验证码的方式登录。

二、课程绑定

登录之后，点击页面右上角的个人头像展开子菜单，进入“个人中心”，点击“绑定防伪码”按钮，输入图书封底防伪码（20位密码，刮开涂层可见），完成课程绑定。

三、访问课程

在“个人中心”→“我的图书”中选择本书，开始学习。

如有账号问题，请发邮件至:4a_admin_zz@pub.hep.cn。